青少年趣味编程丛书

编程猫之创意编程启蒙

宁可为　　主　编

王　玉　　副主编

电子工业出版社

Publishing House of Electronics Industry

北京 · BEIJING

内 容 简 介

本书为编程猫图形化编辑器入门学习的指导用书，共 6 章 22 节，以基于生活、艺术、数学、科学等的趣味案例为主线，介绍编程猫源码编辑器的基础知识和基本操作，通过源码启航、源码解密、源码学堂、想一想、知识窗、瞭望区、挑战台等栏目，引导学习者在探究的过程中逐步完成学习任务，掌握程序的基本结构。实现学习过程的可操作性，激发学习者的兴趣，提高学习者使用编程思维解决问题的意识和能力。

本书适用于初级编程爱好者。

图书在版编目（CIP）数据

编程猫之创意编程启蒙 / 宁可为主编 . -- 北京：电子工业出版社，2019.5
ISBN 978-7-121-36384-9

Ⅰ . ①编… Ⅱ . ①宁… Ⅲ . ①程序设计－少儿读物 Ⅳ . ① TP311.1-49

中国版本图书馆 CIP 数据核字 (2019) 第 073628 号

策划编辑：孙清先 刘 芳
责任编辑：刘 芳
文字编辑：仝赛赛
印 刷：北京盛通印刷股份有限公司
装 订：北京盛通印刷股份有限公司
出版发行：电子工业出版社
 北京市海淀区万寿路 173 信箱 邮编：100036
开 本：720×1000 1/16 印张：12.75 字数：122.4 千字
版 次：2019 年 5 月第 1 版
印 次：2021 年 7 月第 6 次印刷
定 价：59.80 元

凡所购买电子工业出版社图书有缺损问题，请向购买书店调换。若书店售缺，请与本社发行部联系，联系及邮购电话：（010）88254888，88258888。

质量投诉请发邮件至 zlts@phei.com.cn，盗版侵权举报请发邮件至 dbqq@phei.com.cn。

本书咨询联系方式：（010）88254507，liufang@phei.com.cn。

编　委　会

主　编：宁可为

副主编：王　玉

编　写：宁可为　王　玉　高　远　　孟亚林

　　　　陈　援　王　辉　林媛媛

前　　言

当今社会，信息技术的发展日新月异，信息技术越来越多、越来越深入地渗透到我们工作和生活的各个方面。随着大数据、云计算、移动互联网等技术为代表的信息技术生态系统的形成和发展，智能控制、机器学习等人工智能技术将逐步取代越来越多的人类工作，人类将迎来与人工智能对话的全新时代，人类需要通过编程实现并发展人工智能。

为抢抓人工智能发展的重大战略机遇，构筑我国人工智能发展的先发优势，2017 年 7 月，国务院印发的《新一代人工智能发展规划》明确指出，要在中小学设置人工智能相关课程，逐步推广编程教育。

编程猫是由深圳点猫科技有限公司自主研发的国内知名青少年在线编程教育平台，包含智能模块，支持常用的开源硬件。它由独立开发的专有可视化编程工具、基于游戏的趣味编程课程体系、动态的在线社区组成，具有强大的功能，以寓教于乐的教学方式让青少年通过有趣的图形化编程模块学习复杂的程序语言与逻辑，让编程简单得像搭积木。通过编程猫，青少年用户可以轻松地创作出充满奇思妙想的游戏、软件、动画、互动故事等，全方位地锻炼逻辑思维能力、任务拆解能力、跨学科综合能力、审美能力和团队协作能力等，提升综合素养，建立起坚实的 STEAM 学科基础。

本书为编程猫图形化编辑器入门学习的指导用书，共 6 章 22 节，在编写形式上以主题引领任务，以任务驱动应用，以应用带动能力，可操作性强。书中语言流畅，内容生动，以基于生活、艺术、数学、科学等的趣味案例为主线，从游戏入门，激发学习者的兴趣，介绍编程猫源码编辑器的基本操作和基础知识，通过"源码启航""源码解密""源码学堂""想一想""知识窗""瞭望区""挑战台"7 个栏目,引导学习者在探究的过程中逐步完成学习任务,掌握程序的基本结构,提升学习者使用编程思维解决问题的能力。同时,为了方便学习者体验书中的案例,我们还为每一个编程案例提供了二维码,学习者扫码后即可在移动端进行互动,感受游戏的乐趣。

书中内容由浅入深,符合学习者的认知规律,是辅助编程爱好者入门与提高的实用指导手册。

鉴于时间和水平的限制,书中难免存在不足之处,在此我们诚恳地希望广大读者提出宝贵意见与建议,我们将及时予以修订。

同时,非常感谢每一位编写者所付出的智慧和辛劳。

《编程猫之创意编程启蒙》编写组

2018 年 11 月

目　　录

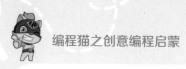

第1章
走进编程猫

你想自己动手开发游戏、制作动画故事或模拟做实验吗？这些编程猫都能帮你实现哦！快来学习编程猫吧！

通过编程猫进行创作，无须输入复杂的命令或者代码，只需要拼接一些图形化的积木块，就能实现你的创意。有没有很激动？快来动手试一试吧！

初识编程猫

乌龟变形记

电鼠学飞行

角色消消乐

第1节 初识编程猫

 源码启航

编程猫是专注于6至16岁学习者的在线编程教育平台，是一款图形化编程工具，其界面如图1.1所示。

使用编程猫可以创作出游戏、软件、动画、故事等很多有趣的作品。准备好了吗？让我们一起来认识编程猫吧！

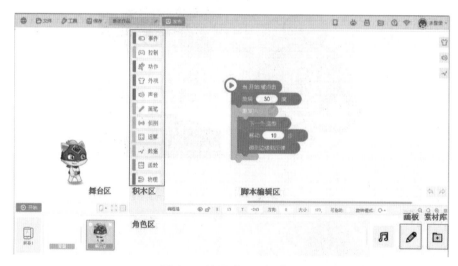

图1.1 编程猫界面组成图

 源码解密

如图1.1所示是编程猫的界面，编程猫能读懂并执行我们发出的指令。

我们可以通过软件中相应功能的积木块让这只"编程猫"移动、旋转、说话、演奏音乐，甚至做数学题！

创建编程猫程序，像玩拼图或搭乐高积木一样，需要将各种不同功能的积木块进行组合。

 源码学堂

1. 启动编程猫

我们可以选择使用离线的源码编辑器，其图标如图 1.2 所示。也可以打开编程猫网站 https://www.codemao.cn，单击"创作"启动编程猫，进行在线编辑。

图 1.2 源码编辑器图标

2. 认识软件界面

（1）认识舞台

舞台是角色进行移动、绘画、交互的场所，如图 1.3 所示。

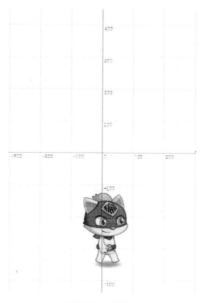

图 1.3　舞台

舞台中心点的坐标是 x = 0，y = 0。（中心点的概念详见第 3 节。）

（注：为了与程序中保持一致，本书涉及的变量使用正体。）

我们再来看看舞台区周围按钮的功能，如图 1.4 所示。

编辑框显示当前项目的名称，⊙ 开始 按钮可以启动或停止程序，舞台有三种模式，其中全屏模式可以隐藏角色区和脚本区，还可以给舞台背景添加坐标系。

图 1.4　舞台区周围的关键按钮

（2）认识角色列表

在当前项目中，所有角色的名称及其缩略图都会显示在角色列表中。

一个新的编程猫项目默认包含一个白色的舞台和一个"猫咪"角色，并且该角色只有一个造型。

我们可以在当前项目中添加新的角色，如图1.5所示。每一个角色都有属于自己的造型、声音和数据。选中角色，单击右上角的👕图标，只需要在标签页中进行切换，就能访问该角色造型、声音、数据。

图1.5　角色列表

右键单击角色，如图1.6所示。单击其中的"复制"选项，可以复制当前角色,并可以对角色重新命名。单击角色缩略图右上角的"删除"图标，能将该角色从列表中删除。"导出此角色"选项可以将角色导出，并保存为本地文件。

舞台的背景也有声音、数据等属性标签。在背景标签页中，如图1.7所示，可以管理舞台的背景图片，并在脚本中进行切换和特效处理。例如，游戏开始前，出现"欢迎进入游戏"的界面背景；游戏开始后，切换到下一个背景。

图1.6　角色操作选项

图1.7　背景标签页

（3）认识积木区

编程猫中的积木分为 11 个模块：事件、控制、动作、外观、声音、画笔、侦测、运算、数据、函数以及物理。不同模块用不同的颜色标记，这样就能快速查找到所需的积木，如图 1.8 所示。

图 1.8　积木区

例如，当我们单击了动作模块中的"移动 10 步"，积木会自动被移动至脚本区；再次单击该积木，角色将会在舞台上移动 10 个步长。"移动 10 步"的数字"10"就是一个参数，有些积木有多个参数，包含更多的信息。我们还可以对参数进行修改，如图 1.9 所示。

图 1.9　修改参数

（4）认识脚本区

为了让角色动起来，我们需要给角色编写程序。先选择相应的角色，然后把积木从积木区拖动到脚本区，最后将它们组合在一起。

与基于文本的编程语言相比，编程猫采用了积木块组合的编程方式，如图 1.10 所示，可以避免由输入不当造成的语法错误。

图 1.10　脚本

（5）角色信息

单击角色，在脚本区下方可以查看角色信息，如图 1.11 所示。

编程猫	X: -66	Y: -191	方向: 0	大小: 123	可拖动	旋转模式:

图 1.11　角色信息

角色信息包括角色的名称、当前坐标、当前方向、大小、旋转模式、可视化状态，以及是否可在演示模式中拖动。下面简单介绍一下各项信息。

X 和 Y 的值表示该角色在舞台上的坐标，拖动角色，这些数值也会随之改变。

角色的方向表示角色将会朝哪个方向移动，与"移动（　）步"积木有关。

旋转模式有三个选项：禁止旋转、自由旋转、左右翻转。

 想一想

编程猫在线编辑和离线编辑器有什么区别？

知识窗

如图 1.1 所示，编程猫的界面大致包含以下几个部分：左上方的舞台、

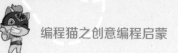

左下方的角色列表、中间的积木区和脚本编辑区、右下方的素材库和画板。标签页包含造型标签、声音标签和数据标签。

 瞭望区

编程猫采用"图形化编程模块"的创作方式，与语文、数学、英语等学科相结合，学习者可以在游戏中快速了解编程的相关概念，掌握知识点，提升逻辑思维能力、任务拆解能力、跨学科综合能力和团队协作能力等。

 挑战台

启动编程猫源码编辑器，编写一段简单的程序，让舞台上的"编程猫"动起来吧！

第2节　乌龟变形记

 源码启航

你喜欢画画吗？我们能用画笔或画图软件画一只乌龟、一只老虎或者一条鱼。本节我们使用编程猫可以轻易地画出几十只乌龟，还能让它们动起来，如图2.1所示。快动手试试吧！

图2.1　"乌龟变形记"效果图及预览二维码

 源码解密

首先要绘制一只乌龟，然后实现让乌龟伸出四肢、脑袋以及缩回壳中的动作。

使用如图2.2所示的工具进行乌龟的绘制。

图2.2 画图工具

使用如图 2.3 所示脚本可以实现下一个造型的切换。

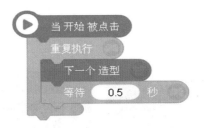

图2.3 切换造型的脚本

源码学堂

1. 新建作品，添加角色

角色：出现在舞台区的形象，默认的角色是一只"编程猫"，还可以添加新的角色。

添加角色有以下几种方法：

方法一：利用画板绘制角色

下面以绘制小乌龟为例。

（1）画龟壳轮廓

要画一只乌龟，先从龟壳开始画比较好。注意要在龟壳周围给乌龟的头、脚和尾巴预留足够的空间，还可以适当使用"旋转"功能。

① 单击"绘制新角色"图标。

② 把名字"新角色"改为"小乌龟"，项目中的角色越多，对它们的命名就越重要。后面学到动画和游戏设计的时候，这一点将很有帮助。

③ 在绘图画布区单击"圆形"工具。

④ 向右拖动鼠标将"圆"调整成"椭圆"。当椭圆仍被选中时，可以拖曳边上的控制点来对椭圆进行缩放，如图2.4所示。

图2.4 绘制龟壳轮廓

⑤ 从调色板中选择颜色。

⑥ 单击被选中的椭圆内部，将它拖动到画布中心的位置。当调整好椭圆的大小和位置时，单击椭圆外部的画布或者其他工具即完成了上层龟壳的绘制，如图2.5所示。

图2.5 绘制上层龟壳

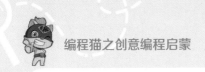
⑦ 再用"圆形"工具画出一个圆,将其调整为"椭圆",作为小乌龟的头。

（2）画龟壳内部

① 单击"直线"工具,调整线的粗细。

② 选择颜色。

③ 通过单击与拖动,画出线条,画出龟壳上的网格图案,如图 2.6 所示（按住 Shift 键可以画出完全水平或垂直的线条）。

图 2.6　龟壳内部绘制效果

（3）添加腿

可以直接在当前造型上画乌龟的腿,但是比较好的做法是复制该造型,然后把腿添加到第二个造型上。

① 单击"造型 1",再单击"复制造型"按钮。

② 单击"画笔"工具,调整线宽。

③ 选择颜色。

④ 画出乌龟腿的轮廓,如图 2.7 所示。

图 2.7　乌龟腿绘制效果

⑤ 单击"填充"工具。

⑥ 选择合适的颜色。

⑦ 分别单击乌龟的各条腿并给它们着色。

（4）添加身体细节

添加细节可以将简单的小动物形象变得更加生动、真实。

① 给乌龟的腿添加斑点。

选择"圆形"工具，然后选择浅绿色或黄色，在乌龟的腿上添加一些大小不一样的椭圆。

a. 在乌龟的一条腿上画一些小圆圈。

b. 单击"复制"工具。

c. 单击并拖动这一组斑点。

d. 单击并将选中的斑点拖到乌龟腿部的其他位置。

e. 重复多次直到乌龟的腿部布满斑点，如图 2.8 所示。

图 2.8 龟壳腿部斑点绘制效果

② 单击"画笔"工具，绘制小乌龟的尾巴。

（5）添加龟壳细节

① 单击"直线"工具。

② 调整线宽，使线条的宽度更细一些。

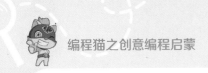
③ 选择一种较浅的颜色。

④ 按住 Shift 键，在龟壳的每个部分画平行横线。

⑤ 使用"直线"工具，连接每个部分中的横线和垂线，如图 2.9 所示。

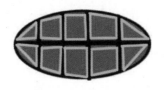

图 2.9 龟壳细节绘制效果

如图 2.10 所示，一只完整的小乌龟就画好啦！

图 2.10 绘制完成的乌龟

方法二：从素材库中选择角色

进入素材商城，从素材库中选择素材，如图 2.11 所示。

图 2.11 从素材库选择素材

方法三：从本地文件选择角色

单击界面左上方菜单中的"文件"按钮，选择"打开本地作品"，找到素材位置并打开，或者直接将文件拖进界面。

2. 认识造型，尝试添加造型

（1）绘制造型

思考：小乌龟需要几个造型才能完成脑袋和四肢伸缩的动作？

造型一：小乌龟探出脑袋和四肢，如图 2.12 所示。

图 2.12 乌龟造型一

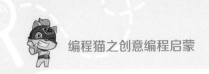

造型二：小乌龟的脑袋和四肢缩回，如图 2.13 所示。

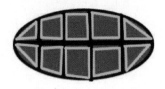

图 2.13　乌龟造型二

（2）实现造型切换效果

利用"下一个造型"积木实现乌龟"探出脑袋和四肢"和"缩回去"两个造型互相切换的效果，相关脚本如图 2.14 所示。

图 2.14　切换造型的脚本

3．测试与调整

单击"开始"按钮，观看效果并针对问题进行修改和调整。

4．保存与发布

单击舞台上方的菜单栏，修改作品名称为"乌龟变形记"，保存并发布作品。

下面，让我们一起见证乌龟变形的效果吧！

？想一想

如何让乌龟多次切换造型？如何让乌龟有间隔地多次切换造型？

 知识窗

1.

将角色的造型切换到下一个。

2. （切换到造型 编程猫 ▾）

使角色切换到某个造型。

3. （切换到编号为 1 的造型）

使角色的造型切换到指定编号的造型。

挑战台

利用"下一个造型"积木,实现森林鹿王奔跑的效果吧！如图 2.15 所示。

图 2.15　"森林鹿王奔跑"效果图及预览二维码

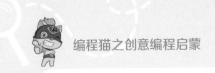

第3节 电鼠学飞行

 源码启航

今天，动物王国来了一位新朋友，你们看，它是谁呢？

看，这位新朋友要起飞了！如图 3.1 所示，编写程序，让电鼠从地面飞到树枝上吧！

图 3.1 "电鼠学飞行"效果图及预览二维码

源码解密

使用"在（ ）秒内，移到 x( )y( )"积木，如图 3.2 所示，可以实现角色从一个位置移动到另一个位置。

图 3.2 移动位置的脚本

 源码学堂

1. 认识坐标

坐标是角色在舞台上的位置,有对应的 X 轴和 Y 轴。X 表示水平位置,Y 表示垂直位置。

我们用坐标系来定量描述物体的位置,一个位置对应一个坐标,X 的正、负值代表右、左,Y 的正、负值代表上、下, 如图 3.3 所示。

我们把空间里所有的点都编上序号,就能用坐标系表示空间里的每一个点。

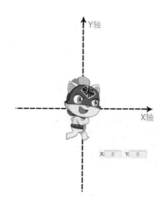

图 3.3　坐标

在创作页面的角色属性栏中, 可以看到角色所在位置的坐标数据,如图 3.4 所示。

X:　-66　　Y:　-191

图 3.4　角色坐标

角色位置的坐标,就是角色中心点的所在位置。

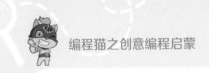
2. 认识中心点

中心点是一个可以自由设定的点，如图 3.5 所示。它可以设置在角色的各个位置，中心点设置在不同位置，会出现不同的效果。

中心点的按钮图标：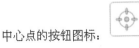

图 3.5　中心点

可以让角色围绕这个中心点进行旋转、缩放、翻转等操作。

3. 实现电鼠飞行效果

（1）设置舞台背景，添加角色"飞电鼠"（后面简称电鼠），将电鼠放置在合适的位置，如图 3.6 所示。

图 3.6　角色的起始位置

（2）确定电鼠最后要落在树枝上的落点，确定该位置的坐标，如图 3.7 所示。

图3.7 角色的最终位置

（3）利用"重复执行"积木可以实现让电鼠在两个点之间来回飞行。电鼠的程序脚本如图3.8所示。

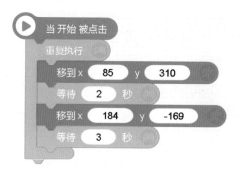

图3.8 "电鼠"程序脚本

4. 测试与调整

单击"开始"按钮，观看效果，并针对问题进行修改与调整。

5. 保存与发布

单击舞台上方的菜单栏，修改作品名称为"电鼠学飞行"，保存并发布作品。

想一想

如何让电鼠的飞行速度慢下来?

提示:

使用"在( )秒内,移到 x ( ) y ( )"积木,可以让电鼠的飞行速度变慢。

更改其中的秒数就可以调整电鼠的飞行速度。

知识窗

积木框内包含的脚本会无限次重复执行,直到触发"退出循环"时才会运行此积木下面的脚本。

在该积木中输入参数值,此积木框内的脚本按照相应的次数执行,执行完后接着运行此积木下面的脚本。

瞭望区

1. 中心点的作用

(1)中心点的位置就是角色坐标的位置

如果调整角色的坐标,角色的中心点就会自动移到相应的坐标点上。

（2）"中心点"与旋转有关

中心点是角色旋转的中心位置，我们可以通过改变中心点的位置，来实现想要的旋转效果。

在角色使用相同脚本的情况下，中心点设置在不同位置会表现出不同的效果。

改变角色的中心点，角色的位置会跟着发生改变。

例如：图3.9的（a）、（b）两图中，"编程猫"的坐标点都为（120，–150），图（a）的中心点设置在"编程猫"的脸上，而图（b）的中心点设置在"编程猫"的脚尖。

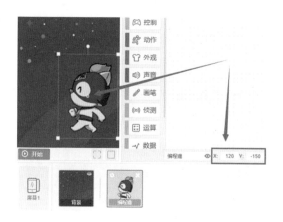

（a）中心点在"编程猫"的脸上

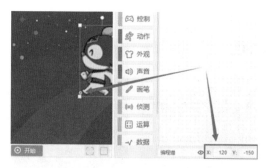

（b）中心点在"编程猫"的脚尖

图3.9　中心点不同的"编程猫"的位置对比

很明显，同一个坐标，中心点不同，"编程猫"的位置也不同。

2. 坐标系

只需要轻松单击舞台右下方的"坐标系"图标（如图 3.10 所示），就可以打开舞台的坐标系，清楚地看到角色的坐标。

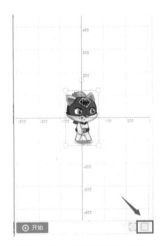

图 3.10　打开舞台坐标系

 挑战台

尝试利用"重复执行"积木，实现"不停地走路的编程猫"效果，如图 3.11 所示。

图 3.11　"不停地走路的编程猫"效果图及预览二维码

第4节 角色消消乐

 源码启航

同学们，你们喜欢玩游戏吗？本节我们一起来设计并开发一款属于自己的趣味小游戏吧！如图 4.1 所示。

图 4.1 "角色消消乐"效果图及预览二维码

源码解密

要设计与开发游戏，我们需要先构思背景、障碍和游戏主角的行为，然后设计游戏规则，再使用对应模块的相关积木来实现各个细节，呈现完整的游戏效果。本节我们要开发的是一个角色消消乐的游戏，在规定时间内每消除一个角色，积分增加一分，我们将用到"变量"和"选择结构"相关知识。

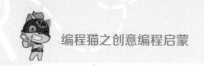

 源码学堂

1. 认识变量

变量是被命名的计算机内存区域。我们可以把变量想象成一个盒子，程序随时都能在盒子中存放数据（数字和文本）。

如图 4.2 所示是一个名为 "score" 的变量，它存放了一个数字 0。

当我们创建一个变量时，程序会开辟一块内存区域用来存储它，同时给这块内存区域提供一个变量名。以后只需要通过变量名，即可获取并使用该变量，我们还可以修改变量的值。变量的值在不停地变化，这也就是变量中 "变" 的含义。

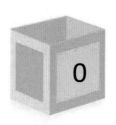

图 4.2　变量

仅适用于当前角色的变量叫作局部变量。不同的角色可以调用同一个局部变量。

适用于所有角色的变量叫作全局变量，它由所有的角色共享，任何角色都能修改变量的值。全局变量有利于角色之间的信息交流和同步。

2. 创建 "得分" 变量

（1）删除 "编程猫" 角色，添加 "小仙女" 角色，单击角色的缩略图，选中角色 "小仙女"，如图 4.3 所示。

图 4.3 任务素材

（2）在界面右上角单击👕按钮，然后单击"数据"按钮，再单击"新建变量"按钮，输入变量名"得分"。

（3）选择其作用范围。变量的作用范围决定是否只有当前角色能使用该变量。此处我们选择"全局变量"，如图 4.4 所示。

图 4.4 设定为全局变量

（4）选择一个喜欢的变量样式，此处我们选择"得分 - 变量"，如图 4.5 所示，创建变量。

图 4.5 "得分"变量

创建变量之后，新建的变量就会出现在舞台中，如图 4.6 所示。

图 4.6 成功创建变量

本例中，变量盒子存储的值为单击角色后的得分。

游戏开始时，我们需要告诉"编程猫"将"得分"设定为 0，"编程猫"开始查找标签为"得分"的变量，然后将数字 0 放入其中。

3. 设置游戏障碍和规则

（1）设计游戏障碍和规则

添加角色"计时器"和"进度条"，计时器从进度条的一端向另一端移动。当计时器移动到进度条的末端时，游戏结束，若得分为 3 分，则闯关成功；否则，闯关失败。

（2）编写程序

本游戏中有三个来回飞行的"小仙女"角色，她们来回飞行，触碰到边缘就会反弹，然后继续飞行，脚本如图 4.7 所示。

图 4.7 小仙女的程序脚本

计时器的脚本如图 4.8 所示。闯关是否成功，是条件选择的结果，用到了"如果……否则……"积木。

说明 :（1）触发条件为"当开始被点击"；

（2）计时器在 5 秒内移动到进度条末端，坐标为（197，–406）；

（3）在"如果……否则……"结构中，判断的条件是："得分≤ 2"，闯关失败；否则，闯关成功。

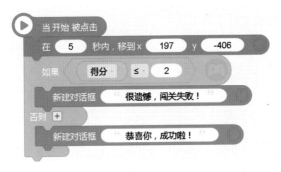

图 4.8 "计时器"程序脚本

4. 测试与调整

单击"开始"按钮，测试游戏效果，并针对问题进行修改与调整。

5. 保存与发布

单击舞台上方的菜单栏，修改作品名称为"角色消消乐"，保存并发布作品。

想一想

很多游戏都会有升级设计，除了将游戏中人物的等级、技能等属性增加和提高外，游戏的难度也会逐步增加，以此来提升游戏的趣味性。你想

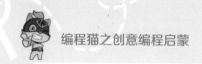

对"角色消消乐"游戏做怎样的升级设计呢?

知识窗

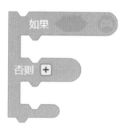

如果条件成立,则运行"如果"框中的脚本,不成立则运行"否则"框内的脚本。

挑战台

请你尝试对"角色消消乐"进行升级设计。

第2章
编程猫与生活

计算机使我们的生活更加方便、快捷、智能。在源码的世界里，"编程猫"和伙伴们有着怎样丰富多彩的生活呢？快来看看吧。

通过走进"编程猫"的世界，一起来感受源码世界的数字化生活。通过积木的搭建，将源码世界打造得更加美好吧！

精灵伙伴

游泳比赛

安全出行

开心游玩

第5节 精灵伙伴

 源码启航

在源码世界中,"编程猫"有很多伙伴,你能找到它们吗?怎样让它们在源码世界沟通与交流呢?

本节利用"对话""广播""等待()秒"等积木,实现"编程猫"和伙伴们的交流,如图5.1所示。

图5.1 "精灵伙伴"效果图及预览二维码

 源码解密

在源码世界中,有一种脚本搭建的方式,我们称之为顺序结构。我们根据时间的顺序,将积木按照次序一一叠放,舞台上就按照脚本顺序播放剧情。

想要给其他角色传达指令或接受其他角色的指令时,我们可以使用广播积木。下面我们就来使用顺序结构和广播积木设计剧情吧。

 源码学堂

1. 找到精灵伙伴

我们发现编程猫中的角色可以在舞台中隐藏起来，这是如何实现的呢？如图5.2所示，在角色的信息栏中我们可以看到一只闭着的"眼睛"，单击它我们可以看到隐藏的角色，我们也可以通过"外观"积木盒中的"显示"与"隐藏"来实现该功能。

图 5.2　显示与隐藏

2. 呼唤精灵伙伴

"编程猫"很想念朋友们，让我们帮助"编程猫"呼唤它们吧，如图5.3所示。

图 5.3　编程猫的呼唤

首先我们通过"重复执行""移动（）步"积木让"编程猫"入场；接着，要呼唤朋友们，则需要找到 外观 积木盒中的 对话 Hi 和

延长对话的时间，或者用  直接控制对话的时长；最后，如何让精灵伙伴听到"编程猫"的呼唤呢，我们需要用到一个新的积木——广播积木，如图 5.4 所示。

图 5.4　广播积木

广播积木的功能是给所有的角色（包括背景）发送广播，通知收到该广播内容的角色开始执行某些操作。"广播"功能经常在不同的角色之间使用，其主要功能是传递信息，形成一系列的事件，"发送广播"和"当收到广播（ ）"两个积木通常配合使用。下面我们就来让"编程猫"发送一条广播吧，如图 5.5 所示。

图 5.5　发送广播

"编程猫"发送广播"Hi"后，"土豆龟"和"大黄鸡"等精灵伙伴都可以接收到该广播，并根据接收到的广播，执行下面的脚本内容。例如，"土豆龟"接收到"编程猫"的广播"Hi"后，发送自己的广播"t"，如图 5.6 所示。

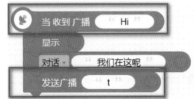

图 5.6　接收并发送广播

不同角色对接收到的同一个广播，可以做出不同的反应，执行不同的动作。按照图 5.7 所示的脚本，给"土豆龟"和"大黄鸡"编辑脚本吧。

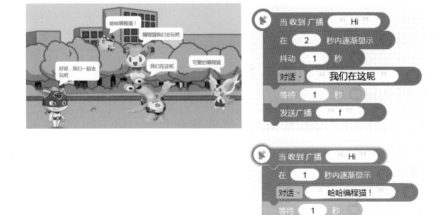

图 5.7　"土豆龟"和"大黄鸡"的程序脚本

3. 测试与调整

单击"开始"按钮，测试效果，注意通过添加"等待"积木调整说话时长与说话顺序，对出现的问题及时进行修改与调整，也可以加入新的积木，让精灵伙伴的剧情更加精彩。

4. 保存与发布

单击舞台上方的菜单栏，修改作品名称为"精灵伙伴"，保存并发布作品。

 想一想

1. 现实世界的广播和源码世界的广播有什么相同之处呢？不同之处又有哪些？

2. "编程猫"和朋友们的对话显示得太快，怎么办呢？

 知识窗

顺序结构

顺序结构是源码世界脚本设计中最简单、最基础的结构，只要按照解决问题的顺序搭建相应的积木即可，它的执行顺序是自上而下，依次执行。

瞭望区

源码世界中有很多源码精灵，我们可以在素材商城中找到并单击"角色"素材选项卡，挑选源码精灵，如图5.8所示。

图 5.8 素材商城

源码精灵还有自己的属性呢，我们可以通过设置源码精灵的属性，给它编写精彩的剧本。

进入编程猫官网，我们可以在"更多"菜单中或扫描二维码下载编程猫训练师，如图 5.9 所示，通过手机就可以了解更多的源码精灵。

图 5.9　编程猫训练师

 挑战台

在"精灵伙伴 .bcm"文件中，"编程猫"的两位小伙伴"土豆龟"和"大黄鸡"都顺利地登场并和"编程猫"开心地交谈，下面请扫描本节前面的二维码，参考示例效果，完成另外两名伙伴（如图 5.10 所示）的登场。

图 5.10　角色"飞电鼠"和"草灵灵"

最后，请尝试为它们设计出场动作和有趣的对话吧！

第6节 游泳比赛

 源码启航

"呆鲤鱼"和"小丑鱼"谁都不服谁，相约进行一场游泳比赛，它们邀请"编程猫"来当裁判，如图 6.1 所示。

哈哈，到底谁游得更快？比比看吧！

图 6.1 "游泳比赛"效果图及预览二维码

源码解密

在源码世界中，我们可以通过随机数来获得随机的效果，"小丑鱼"和"呆鲤鱼"可以通过随机数产生随机的游泳速度，从而产生不确定的比赛结果。"编程猫"可以通过判断谁先碰到终点线来评定谁是最终的获胜者。

本节我们将利用"如果……否则……"和"随机数"等积木，来帮助"编程猫"当好裁判。

源码学堂

1. 游动起来

新建文件,添加角色"呆鲤鱼",按图6.2中(a)图所示搭建脚本积木,单击"开始"按钮,"呆鲤鱼"就游起来了。要想让"呆鲤鱼"产生随机速度,我们需要在"运算"积木盒中找到"在(0)到(5)间随机选一个数"并将其拖放到移动10步内,修改参数值为"在(1)到(10)间随机选一个数",如图6.2所示。

（a）游动的脚本　　　　　（b）以随机速度游动的脚本

图6.2　角色"呆鲤鱼"的脚本

单击"开始"按钮,"呆鲤鱼"的游动速度就改变了,添加角色"小丑鱼",使用同样的方法,可以使"小丑鱼"也游动起来。

2. 条件判断

到底谁游得更快呢?"编程猫"需要进行判断,如果"呆鲤鱼"先碰到终点,"编程猫"就宣布"呆鲤鱼"获胜;如果"小丑鱼"先碰到终点,则"小丑鱼"获胜。我们需要通过"如果……否则……"积木来实现。

添加角色"终点线",并设置"小丑鱼"获胜的程序脚本,如图6.3所示。

图 6.3 "小丑鱼"获胜的程序脚本

单击"➕"可在其中再增加一个"否则如果……"积木，我们可以使用同样的方法设置"呆鲤鱼"获胜的程序脚本。当前两个条件都没有满足时，"编程猫"持续为它们加油，最后利用"重复执行"让脚本一直保持运行，"编程猫"判断比赛结果的脚本如图 6.4 所示。

图 6.4 "编程猫"判断比赛结果的程序脚本

3. 测试与调整

单击"开始"按钮，观看效果，并针对问题进行修改与调整。我们可以根据需要调整数值和对话的内容。

4. 保存与发布作品

单击舞台上方的菜单栏，修改作品名称为"游泳比赛"，保存并发布作品。

 想一想

1. 哪些积木可以嵌入到"如果……"积木中呢？

2. 如何控制随机的速度区间？

知识窗

随机数经常被应用于游戏中，可以利用它制作障碍物随机出现、掷骰子等效果。

通过对条件进行判断，执行相应分支的脚本，最终产生相应的结果，我们称之为选择结构，或分支结构。选择结构的积木有"如果……""如果……否则……""如果……否则如果……否则……"三种。其中"如果……"积木如图6.5所示。如果条件成立，则执行该积木框内的脚本，否则，跳过此积木块。

图6.5 "如果……"积木

"如果……否则……"积木如图6.6所示，如果条件成立，则运行"如果"积木框中的脚本，不成立则运行"否则"积木框内的脚本。单击"➕"可在其中再增加一个"否则如果……"积木，如图6.7所示。

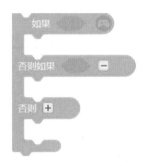

图 6.6 "如果……否则……"积木　　　　图 6.7 增加"否则如果……"积木

如果条件成立，则运行"如果……"框中的脚本；如果"否则如果……"的条件成立，则运行该积木框中的脚本；不成立，则运行"否则……"积木框内的脚本。

 瞭望区

小丑鱼

可爱的小丑鱼，看看它脸上的白色条纹，像极了戏曲中的小丑，小丑鱼的名字也由此而来，它还有个名字叫海葵鱼。小丑鱼是生活在热带的一种极具观赏价值的鱼类，喜欢在珊瑚和海葵中游来游去，它和海葵是一种共生的关系，海葵为小丑鱼提供了庇护所，使其免受其他鱼类的攻击，小丑鱼则为海葵清理寄生虫、霉菌以及坏死的组织。我们在很多动画片中也能看到小丑鱼的身影。编程猫的源码世界也有可爱的小丑鱼，如图 6.8 所示。

图 6.8 小丑鱼

挑战台

请利用外观中的特效积木和"如果……否则……"积木搭建脚本，控制如图 6.9 中的小鱼，实现小鱼在移动过程中碰到左右边缘后颜色、透明度、波纹等发生变化的效果，扫图 6.10 中的二维码可以观看"顽皮小鱼"实例。

图 6.9 特效积木   图 6.10 "顽皮小鱼"预览二维码

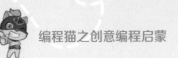

第7节 安全出行

源码启航

"编程猫"和朋友们约好出去玩，安全出行是很重要的，尤其要遵守交通规则。

本节我们将在编码世界里帮助"编程猫"安全地通过斑马线，从而认识和掌握"重复执行""如果……否则……"以及"侦测"积木盒中的相关积木，"安全出行"的效果图及预览二维码如图7.1所示。

扫码在手机上玩

图7.1 "安全出行"效果图及预览二维码

源码解密

在红绿灯不停地变换造型的过程中，我们可以单击舞台中的"编程猫"角色，让它顺利地通过斑马线，但是行驶中的无人驾驶汽车（简称无人车）怎么避让行人呢？这就要用到"侦测"积木盒中的相关积木了。

 源码学堂

1. 交通灯亮了

打开"安全出行.bcm"文件，单击角色"交通灯"，选择"事件"积木盒中的"当开始被点击"积木，拖放到脚本编辑区。

选择"控制"积木盒中的"重复执行"和"等待（）秒"积木，将等待时间的参数修改为"3"秒，选择"外观"盒子中的"下一个造型"积木，按照顺序搭建"交通灯"的程序脚本，如图7.2所示。

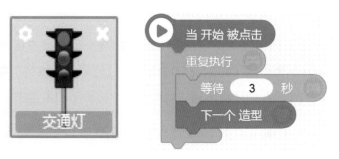

图7.2 "交通灯"程序脚本

单击 ⏵ 开始 按钮，执行脚本，就能看到交通灯开始工作了。

2. 触发编程猫

接下来我们要让"编程猫"在绿灯时顺利通过人行道，选择角色"编程猫"，在"事件"积木盒中选择"当角色被点击"积木，接着使用"重复执行""下一个造型""移动（）步"积木搭建脚本，并修改参数为"移动5步"，如图7.3所示。

图 7.3 "编程猫"移动的程序脚本

单击"开始"按钮后，当交通灯的绿灯点亮时，用鼠标单击"编程猫"角色，它可通过斑马线。

3. 无人车

无人车是如何实现"持续运行"效果的呢？如果前方出现行人，它又是怎样避让的呢？除了用到我们前面学习过的"重复执行"积木和"如果……"积木外，我们还将用到"动作"和"侦测"积木盒中的积木。

无人车自上而下行驶，这时我们只需要通过 [动作] 积木盒中的 [将 X 坐标 增加 100] 积木，将参数中的 x 坐标改为 y 坐标，通过改变 y 坐标的值来实现使无人车向下行驶，单击"奥迪"角色，确定角色初始位置的坐标 [X: 152 Y: 114]。当无人车离开界面的下边缘时，通过 [移到 x 0 y 0] 积木修改坐标值，让无人车瞬间回到初始位置，形成不断有车驶过的画面效果。

如果"编程猫"碰到斑马线，无人车就要停下来避让行人，我们可以在 [侦测] 积木盒中找到 [自己 碰到 交通背景]，并将其参数改为"编程猫"碰到"斑马线"，如图 7.4 所示。再通过"侦测"积木盒中的 [自己 的 X坐标] 积木，让无人车停在当前位置。

图 7.4 "编程猫"碰到斑马线的程序脚本

选中角色"无人车",搭建积木,当我们单击"开始"按钮后,无人车避让行人的具体程序脚本如图 7.5 所示。

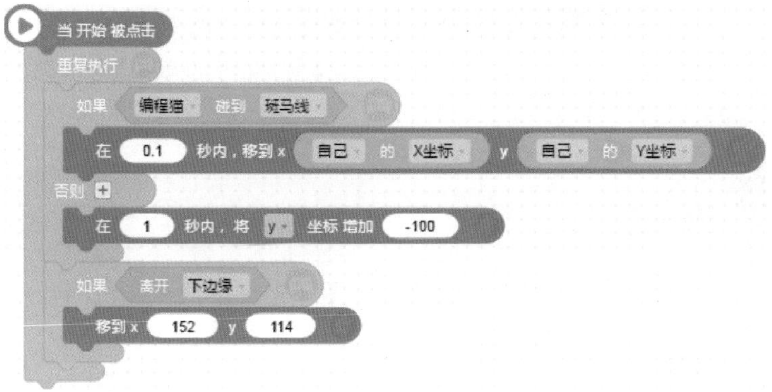

图 7.5 "无人车"程序脚本

4. 测试与调整

单击"开始"按钮,观看效果,并针对所出现的问题修改脚本。我们会发现,"编程猫"离开界面右侧边缘后无人车还在运行,那么我们给整个动画加个结局吧。比如,"编程猫"离开界面右边缘后整个动画结束,修改"编程猫"角色的脚本,如图 7.6 所示。

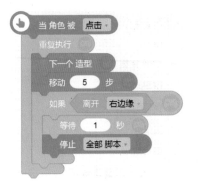

图 7.6　添加结局的"编程猫"程序脚本

5. 保存并发布作品

单击舞台上方的菜单栏，如图 7.7 所示，修改作品名称为"安全出行"，保存并发布作品。

图 7.7　保存并发布作品

 想一想

1. 要使角色水平移动，只能通过改变 x 坐标的值来实现吗？

2. 如何改变"侦测"积木中的对象？

3. "侦测"积木盒中的积木可以实现哪些动作？

知识窗

1. 角色可以在特定的时间内执行特定的脚本。

2. 在特定的条件下，我们可以通过"如果……否则……"积木来实现相应的功能。

3. 注意：积木中的参数值与下拉列表的内容是可以根据需要进行设置的。

 瞭望区

交通信号灯

红绿灯是国际统一的交通信号灯，一般由红灯、绿灯、黄灯组成。红灯停，绿灯行，黄灯亮了要慢行。在十字路口，去往不同方向的车辆交汇，有的要直行，有的要拐弯，再加上行人、非机动车的过往，到底谁先谁后，都要听从红绿灯的指挥。不管在现实世界，还是源码世界，我们都要遵守交通规则，让我们的世界更有秩序。

交通安全你我知：

（1）行人要走人行道，红绿灯要看清；

（2）过马路时要注意观察左右两边的情况；

（3）不在马路上追逐乱跑；

（4）不穿越护栏；

（5）穿容易被看见的衣服；

（6）过马路时要专心，收起手机和电子游戏。

 挑战台

"侦测"积木盒中的积木可以实现不同的动画效果，尝试完成"控制坦克"作品，参考图7.8，单击"开始"按钮后，通过按下键盘上的"上""下""左""右"键控制坦克的运动。注意："上""下""左""右"

四个方向"面向的度数"分别是 90°、-90°、0°、180°。

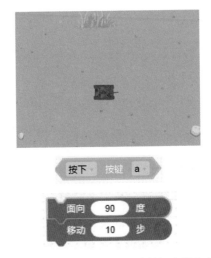

图 7.8　控制坦克（请在计算机上操作）

第 8 节 开心·游玩

 源码启航

"编程猫"和朋友们一起来到了游乐场，游乐场的项目多种多样，有摩天轮、海盗船、小火车等，该从哪一项开始玩呢？"开心游玩"效果图及预览二维码如图 8.1 所示。

图 8.1 "开心游玩"效果图及预览二维码

本节我们通过设置多个屏幕之间的转换，来实现在一个动画中切换不同的场景。

 源码解密

在源码世界中，我们可以运用"背景"的"下一个造型"来切换不同的场景，也可以用"添加屏幕"的方式来切换场景。如图 8.2 所示，每个场景中都可以有不同的角色、背景和脚本，有助于我们更加方便、灵活地控制角色，梳理剧情。

图 8.2　屏幕场景

源码学堂

1. 添加屏幕

（1）打开"开心游玩 .bcm"文件，单击"开始"按钮，我们会发现屏幕默认从"屏幕 1"开始播放。我们可以添加屏幕，制作游戏主界面，如图 8.3 所示。

图 8.3　游戏主界面

（2）单击屏幕旁边的"+"按钮可以添加屏幕，选择"屏幕 4"，屏幕 4 旁边的三角箭头的作用是隐藏和显示其他屏幕，如图 8.4 所示。给屏幕 4 添加背景时，可以进入"素材库"选择自己喜欢的背景。

图 8.4　添加、显示、隐藏屏幕

我们还可以到素材商城中找背景，如图 8.5 所示。

图 8.5　素材商城中的背景

（3）接着，给背景添加脚本，如图 8.6 所示。此时再次单击"开始"按钮，我们就可以从主界面开始进行游戏了。

图 8.6　切换屏幕积木

2．设置按钮

（1）如图 8.7 所示，将角色"摩天轮""海盗船""小火车"素材导入屏幕 4 中。给"摩天轮"按钮设置脚本，单击"摩天轮"按钮角色，并在"事件"积木盒中选择"当角色被点击"和"切换屏幕【屏幕 1】"，完成搭建,脚本如图 8.8 所示,即可实现单击"摩天轮"按钮切换到"屏幕 1"。

图 8.7　按钮角色

（2）再分别实现单击"海盗船"按钮对应切换到"屏幕 2"，单击"小火车"按钮切换到"屏幕3",游戏主界面就做好了。

图 8.8　切换屏幕的程序脚本

（3）我们可以在除屏幕4以外的其他屏幕上都添加 ↻ 按钮角色，并设置相应的脚本，如图8.9所示。单击 ↻ 按钮角色可以再次返回到"屏幕4"，实现交互效果，使操作更方便。

图 8.9　返回按钮及其脚本

3. 旋转

游乐场里的很多项目，如摩天轮、海盗船、小火车等，都是以旋转的方式运转的，这是怎么实现的呢？

（1）切换到屏幕1，选择角色"摩天轮"，在"事件"积木盒中选择"当屏幕切换到【屏幕1】"，再添加"重复执行"和"旋转（ ）度"积木，如图8.10所示，实现当切换到屏幕1时"摩天轮"自动转动。

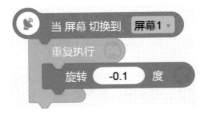

图 8.10　"摩天轮"旋转的程序脚本

（2）屏幕2中"海盗船"和"摩天轮"的旋转方式是一样的吗？我们

会发现"海盗船"需要围绕着固定的点不停地摆动，而且需要对"海盗船"原图的中心点位置进行调整，如图8.11所示。再通过重复执行"旋转"动作，使"海盗船"摇摆起来，程序脚本如图8.12所示。

图8.11 调整"海盗船"的中心点

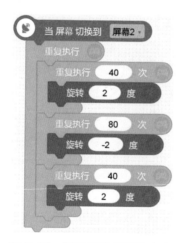

图8.12 "海盗船"摇摆的脚本

想一想

1. "摩天轮"的中心点在哪里呢？

2. "海盗船"摇摆的方向改变了几次，为什么要这样设置？

 **知识窗**

屏幕切换

分屏幕进行设置，可以使得各屏幕间的背景和角色独立存在，互不影响。在制作 RPG（角色扮演类）游戏时，分屏幕设置可以达到事半功倍的效果。

将"成功"和"失败"分别设置在两个屏幕内，需要调用其中任何一个时，进行切换即可。

当我们切换屏幕时，若要更换音乐或者让音乐停止，需要借助"离开/留在屏幕"脚本积木。可以设置"如果离开指定屏幕，停止所有声音"；如果要切换音乐，可以先停止原来的声音，再播放其他声音，相关脚本如图 8.13 所示，否则两个声音会重叠播放。

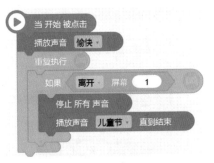

图 8.13　离开屏幕即切换声音的脚本

 瞭望区

你喜欢玩游戏吗？你想成为优秀的编程者吗？你想认识更多优秀的编程者吗？打开浏览器，输入网址 https://www.codemao.cn，进入编程猫官网。在这里，你可以注册自己的账户，可以在社区里发布自己的作品，还可以结交好友，观赏他们发布的优秀作品，如图 8.14 所示。

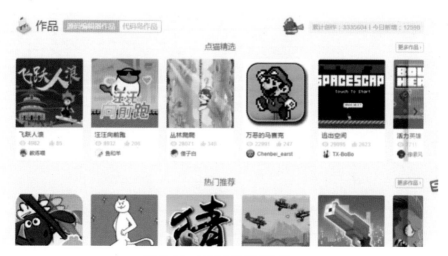

图 8.14　社区中的优秀作品

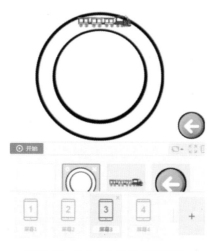 挑战台

　　尝试将"小火车"屏幕 3 与主屏幕 4 组合，让"小火车"在轨道上动起来，"小火车"的界面设计如图 8.15 所示。

图 8.15　"小火车"的界面设计

第3章
编程猫与艺术

在编程猫的源码世界里，我们可以自由发挥创意，创造出美丽的鼠绘作品、奇幻的魔术、美妙的音乐、妙趣横生的故事……

请你在感受编程猫艺术魅力的同时，巩固与拓展前面章节的内容，在程序编写的成长路上爆发你的小宇宙吧！

妙笔生花

迷你影院

曲乐悠扬

奇幻魔术

第9节 妙笔生花

 源码启航

小小的画笔随着鼠标的移动而移动，我们按下鼠标左键并拖动鼠标便可创作出漂亮的简笔画作品。没错，我们可以使用编程猫轻松编写出这样的画图程序。

如图 9.1 所示，"编程猫"正在它的画图程序上炫耀它的作品呢！本节就让我们一起进入源码绘图世界，享受妙笔生花的乐趣吧！

图 9.1 "妙笔生花"效果图及预览二维码

 源码解密

本节的主要任务是制作画板（画图程序），需实现的效果如下。

1. 按下鼠标左键时，画笔在画布上留下痕迹；

2. 松开鼠标左键时，停止作画；

3. 单击"印章"按钮时，画布上呈现作者的落款。

此处需要用到 模块中的 画笔 、 抬笔 、 文字印章 Hello 大小 24 等积木。

![源码学堂图标] 源码学堂

1. 添加背景

（1）启动编程猫软件，删除默认存在的角色和脚本，或创建空白项目。

（2）打开"素材库"，进入"素材商城"，在"背景"素材中搜索并采集"红色中国"，添加到角色区，作为画图软件的画布背景。

2. 设计画笔

（1）进入"素材商城"，在"角色"素材中搜索并采集"笔4"，添加到角色区。单击"笔4"，进入角色编辑后台，将画笔的中心点调整至笔尖，如图9.2所示。

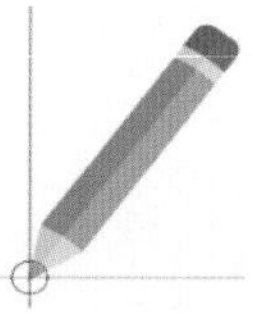

图9.2 调整角色"笔4"的中心点位置

（2）选中角色"笔4"，根据游戏设计的需求搭建积木，程序脚本如图9.3所示。

图 9.3 "笔 4" 的程序脚本

3. 设计按钮

（1）单击"画板"按钮 ，在编辑后台将新角色命名为"印章按钮"，用圆形工具和文本工具完成按钮的绘制，如图 9.4 所示。

印章

图 9.4 绘制角色"印章按钮"

（2）根据程序要求，选中角色"印章按钮"，搭建积木，程序脚本如图 9.5 所示。

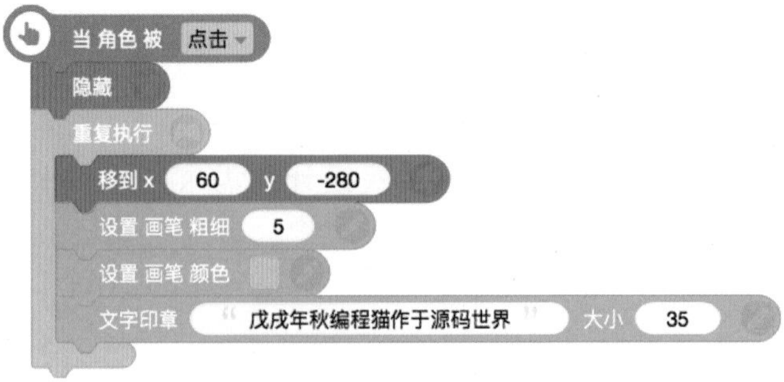

图 9.5 "印章按钮"的程序脚本

4. 测试与保存

测试游戏效果，并针对问题进行修改与调整，然后保存并发布作品。

现在可以用我们的程序进行绘画了！单击"开始"按钮，拖动画笔进行绘画，完成后单击程序中的"印章按钮"进行署名，和同学们交流、分享自己的绘画作品吧！

 想一想

1. 怎样修改程序，实现在运行时呈现署名的效果呢？

2. 我们的画图程序可以从哪些方面进行改进和优化？

3. 如何让更多的人使用我们编写的程序？

 知识窗

本节中用到的积木及其功能如表 9.1 所示。

表 9.1 "妙笔生花"任务用到的积木及其功能

积木	功能
落笔	当执行该积木时，就像用笔在纸上画画一样，可以用鼠标在舞台上画画。该积木是画笔的基本积木，如果没有"落笔"积木，将画不出痕迹
抬笔	当执行该积木时，画笔停止作画，不再画出痕迹，就像把画笔抬起来一样
设置 画笔 粗细 5	设置画笔粗细，其中的参数值是可以调整的
设置 画笔 颜色	给画笔设置一种颜色，在编写脚本时，单击色块不仅可以选色还可以取色
文字印章 Hello 大小 24	该积木相当于编程猫软件中的文本工具，与外观模块中的"新建对话框"等积木不同的是，可以个性化地设计文字印章的文本格式

瞭望区

编程猫提供了便捷的在线编辑功能，只要注册一个账号，无论何时何地，我们都可以通过 QQ 或微信扫码登录编程猫，在线编辑、管理我们的作品。

如果想要将编程作品分享给大家，打开"作品管理"将作品进行"发布"，在"已发布"页面找到作品，双击打开作品预览，便可找到"在手机上玩"的二维码，如图 9.6 所示。将二维码图片发送给其他同学，他们就可以通过扫码打开并使用我们的程序了。

图 9.6 "在手机上玩"预览图示

 **挑战台**

对画图程序进行改进，增加以下效果。

1. 笔触颜色可以不断渐变；

2. 单击"清除"按钮时，画布上的笔触痕迹全部清空；

3．单击"印章按钮"时，该按钮既不随文字改变位置也不消失。

拓展任务示例效果图及预览二维码如图9.7所示。你能找到优化程序的方法吗？

图9.7 拓展任务效果图及预览二维码

"笔4"及"清除按钮"改进的参考程序脚本如图9.8所示。

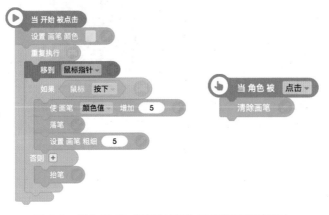

图9.8 "笔4"及"清除按钮"改进后的程序脚本

第10节 奇幻魔术

源码启航

阿短最近一直在练习魔术：交换舞台上三顶魔术帽的位置，其中一顶魔术帽中藏有"编程猫"，玩家猜中藏有"编程猫"的魔术帽，则游戏成功，否则游戏失败，图 10.1 展示了"奇幻魔术"的游戏运行界面。然而阿短练习得不太顺利，"编程猫"还说他手笨，让我们一起来帮帮他吧！

图 10.1 "奇幻魔术"效果图及预览二维码

源码解密

在大多数编程作品中，通常都会有多个角色，那么如何才能让多个角色的程序协调运行，构成一个完整的作品呢？此时，广播积木又派上用场了。 模块中的广播积木可以给所有的角色（包括背景）发送指定内容的广播，各角色收到该广播内容后分别执行相应的指令。

 源码学堂

1. 添加素材

（1）启动编程猫软件，删除默认存在的角色和脚本，或创建空白项目。

（2）打开"素材库"，进入"素材商城"，搜索并采集背景"舞台"、角色"魔术礼帽"，如图10.2所示，并将它们添加到角色区。

图10.2　任务素材

（3）单击角色"魔术礼帽"，添加"编程猫"造型，如图10.3所示。

图10.3　添加"编程猫"造型

2. 编写程序

（1）设置背景

① 选中背景，添加"对话框"相关积木，编写游戏说明，让玩家明确游戏任务。

② 单击编辑区右侧的"数据"选项，新建变量"魔法数"，并勾选"隐藏变量"。我们将借助变量"魔法数"来判断"编程猫"在哪一顶"魔

术礼帽"中，从而添加游戏机制。如果玩家选中的"魔术礼帽"代表的"魔法数"与最初随机数生成的结果相同，就判断玩家猜对了，游戏成功，反之游戏失败。

③ 让背景发出广播"开始表演魔术"，向其他角色传递指令。背景的程序脚本如图 10.4 所示。

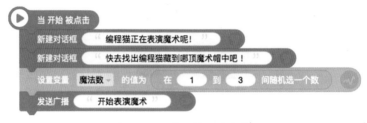

图 10.4　背景的程序脚本

（2）设置角色"魔术礼帽"

角色"魔术礼帽"需要实现的效果为：当"开始"被单击，"魔术礼帽"的起始位置为舞台底部；接收到广播指令后，"魔术礼帽"飞舞起来，最终回到起点静止不动；当用户单击"魔术礼帽"时，判断随机数与"魔法数"是否相同，对用户的选择做出反馈，呈现相应的造型。

设置"魔术礼帽"的具体程序脚本如图 10.5 所示。

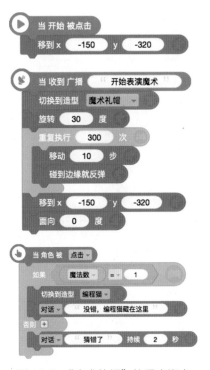

图 10.5 "魔术礼帽"的程序脚本

（3）复制角色"魔术礼帽"

① 在角色区选中角色"魔术礼帽"，右键单击鼠标，选择快捷菜单中的"复制"选项，分别复制出两个角色"魔术礼帽（1）"和"魔术礼帽（2）"，然后分别修改这两个角色的程序。

② 复制后的角色"魔术礼帽（1）"需修改的程序脚本，一是"移到x(0)，y(–320)"；二是设置其变量"魔法数"参数值为2。角色"魔术礼帽（1）"具体程序脚本如图10.6所示。

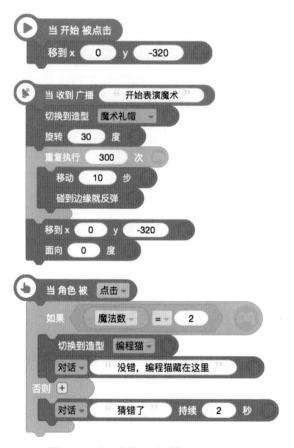

图 10.6 "魔术礼帽（1）"的程序脚本

③ 复制后的角色"魔术礼帽（2）"需修改的程序脚本，一是"移到 x(150)，y(–320)"；二是设置其变量"魔法数"参数值为 3。角色"魔术礼帽（2）"具体程序脚本如图 10.7 所示。

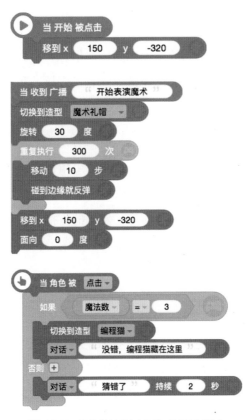

图 10.7 "魔术礼帽（2）"的程序脚本

3. 测试与保存

测试魔术效果，并针对问题进行修改与调整，然后保存并发布作品。

这个魔术是不是很有趣？快来尝试找出藏有"编程猫"的"魔术礼帽"吧！

想一想

1. 广播的主要作用是什么？

2. 可以实现"一对多"的广播吗？

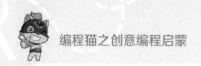
 知识窗

　　广播经常被用于在不同的角色之间传递信息，形成一系列的事件。背景及任何角色都可以用广播来传递指令。有了广播，我们就可以为角色建立联系，实现交互效果。

　　与广播相关的积木位于"事件"模块中，分别为"发送广播（ ）"和"当收到广播（ ）"。"发送广播（ ）"积木是向特定角色传递指定信息，与其对应的是"当收到广播（ ）"积木，当接收到广播后，角色会执行相应的指令，两者往往需要配合使用。需强调的是：发送的广播和收到的广播内容必须完全一致，广播才能顺利传达；哪怕内容有一点偏差，角色也不会做出反应。

 瞭望区

　　由一个发送广播的主控方向多个接收广播的受控方进行广播的形式，我们称之为"一对多"的广播形式。虽然接收的是同一个广播，但是可以分别做出不同的反应。也就是说，广播只是建立角色之间的联系，至于建立联系以后所做的事，可以统一行动，也可以分头行动。

 挑战台

　　我们还可以应用编程猫呈现很多有趣的互动魔术，图10.8所示的是"大变萌宠"魔术，你能尝试实现这样的魔术效果吗？运行程序后，单击"魔术礼帽"，即变出宠物，且不断变换；单击宠物时，宠物隐藏。

图 10.8 "大变萌宠"效果图及预览二维码

提示：所需素材如图 10.9 所示。广播内容为变量，辅助积木传递指令，让各个角色显示或隐藏。

图 10.9 任务素材

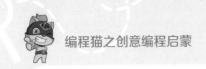
 源码启航

编程猫的宝贝可真多呀！图 11.1 展示的是编程猫的音乐盒，只要单击"播放"按钮，就可以徜徉在美妙的音乐中。下面让我们一起来学习制作音乐盒，倾听源码世界传来的悠扬曲乐吧！

图 11.1 "曲乐悠扬"效果图及预览二维码

 源码解密

在编程创作中，我们经常会使用背景音乐和各种声音特效帮助烘托气氛，增加感染力，┃◁) 声音 模块中的相关积木可以满足我们的需要，让作品呈现出美妙、震撼的视听效果。

 源码学堂

1. 添加素材

（1）启动编程猫，创建空白项目。

（2）打开"素材库"，进入"本地上传"，找到并上传所需的背景和角色素材，如图11.2所示。在角色区添加各角色，调整各角色大小、上下顺序及其在舞台上的位置。

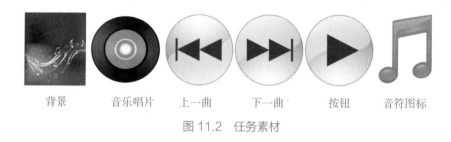

背景　　　音乐唱片　　上一曲　　　下一曲　　　按钮　　音符图标

图11.2　任务素材

（3）打开"素材库"，进入"素材商城"，单击"配乐"选项，选择五首你喜欢的歌曲，添加到声音素材中，如图11.3所示。

突破极限　　午后阳光　　儿童节　　圣诞歌-女声　　温暖的世界

图11.3　声音素材

2. 编辑角色"按钮"

（1）单击角色"按钮"，打开"造型"面板，选择"自己画"，单击"导入图片"选项，从本地导入"停止"图片，调整图片大小，使角色"按钮"包含"播放按钮"和"停止按钮"两个造型，如图11.4所示。

（2）打开"数据"面板，新建全局变量"播放状态"，如图11.5所示，

初始值设置为1，勾选"隐藏变量"。整数"1"表示播放，整数"0"表示停止，具体操作可在编程中实现。

图 11.4 角色"按钮"的造型

图 11.5 添加全局变量

（3）选中角色"按钮"，返回脚本区，搭建积木，编写程序脚本如图 11.6 所示。

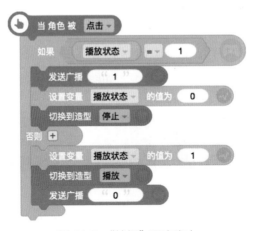

图 11.6 "按钮"程序脚本

3. 编辑角色"音符图标"

（1）打开"数据"面板，新建全局变量"曲目"，将初始值设置为1，勾选"隐藏变量"。"曲目"变量中的数字分别代表不同的声音素材，当"开始"按钮被点击时，第一个声音素材开始播放，其他曲目依次类推。

（2）选中角色"音符图标"，返回脚本区，搭建积木。

从"控制"盒子里拖出"如果……"积木，从"声音"盒子里拖出"播放声音（）"积木，并复制五个，然后分别修改积木中的内容，将变量"曲目"数值与播放的声音素材一一对应，编写程序脚本如图11.7所示。

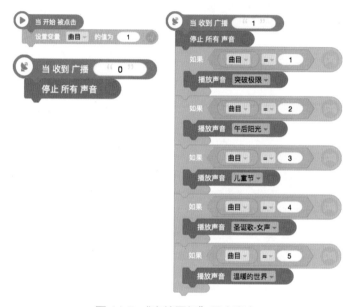

图11.7 "音符图标"程序脚本

4. 编辑角色"上一曲"和"下一曲"

（1）选中角色"上一曲"，搭建积木，程序脚本如图11.8所示。

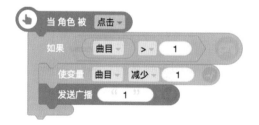

图11.8 "上一曲"程序脚本

（2）选中角色"下一曲"，搭建积木，程序脚本如图 11.9 所示。

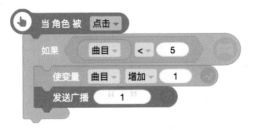

图 11.9 "下一曲"程序脚本

5. 编辑角色"音乐唱片"

选中角色"音乐唱片"，搭建积木，程序脚本如图 11.10 所示。

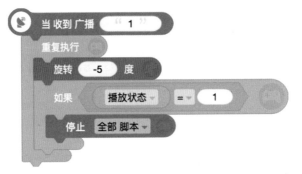

图 11.10 "音乐唱片"程序脚本

6. 测试与保存

测试音乐盒的效果，针对问题进行修改与调整，保存并发布作品。

使用自己制作的音乐盒，播放自己喜欢的音乐，是不是很有成就感？其实，除了"素材商城"中的声音素材，我们还可以上传并使用本地音乐素材，制作更有个性的作品哦！

 想一想

1. 如何将本地音乐添加到我们的程序源文件中？

2. 我们可以通过编程猫录制与编辑自己的声音，你知道怎么做吗？

知识窗

使用声音模块中的相关积木可以添加声音格式的文件，并在程序的运行过程中控制声音的播放。

> 播放声音 背景音乐▾

使用该积木可以播放指定的音频文件，我们可以从"素材商城"选取已有的声音素材，也可以从本地上传。目前，编程猫的图形化编程平台主要支持 mp3 和 wav 两种格式的声音文件。

> 播放声音 背景音乐▾ 直到结束

有时我们需要循环播放背景音乐，直至程序结束运行，要实现这样的效果，不能直接把"播放声音"积木放到"重复执行"积木里面，这样会造成很多声音同时播放的现象，应该使用"播放声音（）直到结束"积木。

> 停止 所有 声音

该积木可以停止播放目前程序所运行的全部声音。

> 播放 音符 40▾ 1 拍

该积木可以播放设定的音符节拍。当我们单击下拉箭头时，会出现图 11.11 所示的钢琴键盘，拖动上方的控制条可横向移动钢琴键盘，单击需要的琴键即可直接选择给定的音符。

图 11.11　虚拟钢琴键盘

修改该积木的参数，可以设置等待的节拍数。

 瞭望区

我们不仅可以使用"声音"模块中的积木，还可以用"音乐画板"画出音乐。"音乐画板"将像素绘画和音乐结合，只要挥动画笔便能制作出美妙的音乐，轻松设计旋律和节拍，创造有趣的声音！

在编程猫的工作界面，单击右下方的音符图标就可以打开"音乐画板"，如图 11.12 所示。"音乐画板"目前支持时间长度为 60 秒的音乐的制作，单击"保存"按钮，音乐将自动保存到素材库。

图 11.12　音乐面板

 挑战台

利用"播放音符（ ）拍"积木，尝试完成图 11.13 所示的"小敲琴"编程作品，作品中每个琴键对应一个基本音符，敲击琴键就可以创作出美妙的乐曲，快来试一试吧！

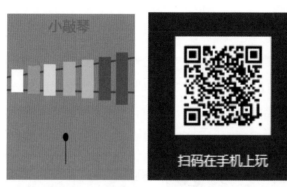

图 11.13 "小敲琴"效果图及预览二维码

"小敲琴"部分角色程序脚本如图 11.14 所示。

（a）"敲锤"的程序脚本

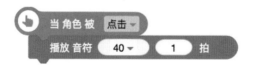

（b）"白色琴键"的程序脚本

图 11.14 "小敲琴"部分角色的程序脚本

第12节 我型我秀

源码启航

"编程猫"的朋友们个个多才多艺哦！它们想以才艺展示的形式亮个相，现在就让我们充当小导演，在源码世界里为它们搭建一个迷你影院，通过控制小演员们的出场时间和动作，帮助它们达成心愿吧！"我型我秀"效果图及预览二维码如图12.1所示。

图 12.1 "我型我秀"效果图及预览二维码

源码解密

表演秀的基本环节是主持人报幕，然后隐藏，演员依次显示并表演节目，使用 外观 模块中的 显示 、 新建对话框 Hi 、 隐藏 等积木可以实现这些功能。

 源码学堂

1. 布置舞台背景

（1）启动编程猫，创建空白项目。

（2）单击打开"素材库"，进入"素材商城"，搜索并选取所需背景和角色素材，如图 12.2 所示。将各角色添加到角色区，并分别调整角色大小及其在舞台上的位置。

图 12.2 任务素材

2. "编程猫"报幕

（1）设计。选中角色"编程猫"，调整它的大小及其在舞台上的位置。作为节目主持人，"编程猫"会在演出开始时报幕，台词为："大家好！我是主持人编程猫，下面是我的两位好朋友的 Show Time！首先请阿短带来一段古诗吟诵。"

在此过程中，作为导演，我们要控制好时间节奏，这里我们将每句话的停留时间设置为 2 秒，"编程猫"报幕后让其隐藏。

（2）编程。选中角色"编程猫"，除了使用 外观 模块中的相关积木编辑文字、设置控制时间，还要通过"广播"相关积木来进行角色间的衔接和转换，程序脚本如图 12.3 所示。

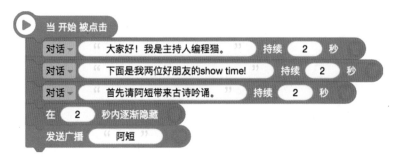

图 12.3 "编程猫"报幕的程序脚本

3. "阿短"朗诵

（1）主持人串场。"编程猫"报幕时角色"阿短"应该是隐藏的,等"编程猫"报幕结束,"阿短"出现并开始表演节目。朗诵的诗词内容为:"游山西村 / 陆游 / 莫笑农家腊酒浑 / 丰年留客足鸡豚 / 山重水复疑无路 / 柳暗花明又一村 / 谢谢大家!"

（2）"阿短"的程序编写。选中角色"阿短",设置隐藏角色"阿短",搭建积木,"阿短"的程序脚本如图 12.4 所示。

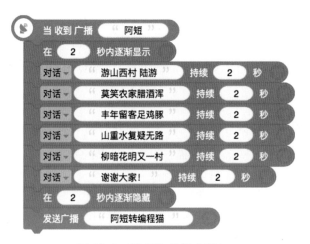

图 12.4 "阿短"的程序脚本

4."舞娘"表演舞蹈

（1）主持人串场。"舞娘"只有动作没有台词,但是在"舞娘"登台前,主持人"编程猫"需要串场,它的台词为:"接下来的节目是舞蹈,让我们欢迎舞娘闪亮登场!"每句话的停留时间仍设置为 2 秒,报幕后"编程猫"隐藏,"编程猫"串场的程序脚本如图 12.5 所示。

图 12.5 "编程猫"串场的程序脚本

（2）"舞娘"的程序编写。选中角色"舞娘",设置隐藏"舞娘",搭建积木,舞娘的程序脚本如图 12.6 所示。

图 12.6 "舞娘"的程序脚本

5. 测试与保存

测试"才艺展示秀"的效果，并针对问题进行修改与调整，保存并发布作品。

单击"开始"按钮，一起来观看小演员们精彩的表演吧！

 想一想

1. 这场源码世界的表演秀可从哪些角度进行改进？

2. 如何将大家的优秀节目进行汇总，综合成一个完整的表演秀？

知识窗

1. 积木：本节用到了"外观"模块中的部分积木，如表 12.1 所示。

表 12.1 "外观"模块中部分积木及其功能

积木	功能
显示	让角色出现在舞台
隐藏	让角色在舞台上消失
在 1 秒内逐渐显示	让角色在 1 秒内出现在舞台
在 1 秒内逐渐隐藏	让角色在 1 秒内从舞台消失
对话 Hi	使角色以对话框的形式弹出文字
对话 Hi 持续 2 秒	使角色以对话框的形式弹出文字并持续显示文字 2 秒

2. 设计：主要设计角色在不同时间段显示或隐藏的状态、需要呈现的文字、每个角色的出场时机、时长及行为。

3. 技巧：通过广播将各个环节衔接起来，形成整个作品。

瞭望区

无声的表演显得沉闷，我们可以使用"声音"模块中的 说 你好 积木让角色发出声音。如果角色要说的话很多，需要用"外观"模块中的

等待 1 秒 积木将各条语音隔开，还可以根据预设效果及语句长短

调整等待的时长。

此外，我们还可以将录制好的声音添加到程序中。

 挑战台

本节"我型我秀"任务中呈现的表演秀可从表 12.2 所示的角度进行改进。

表 12.2 "我型我秀"改进角度和设想

改 进 角 度	设 想
造型	合理地增加角色的造型会让角色更加饱满、精致
声音	如果伴有声音效果，诗词朗诵将更精彩
音乐	使用背景音乐烘托节目氛围，可以让节目更有感染力
互动	如果在表演过程中，观众可以和角色互动，节目表演完毕之后，观众能够评分，表演秀将更加有趣

例如：使用录音设备为角色配音，然后将录制好的声音素材上传，再为各角色添加相应的声音，就可以让表演秀呈现出更精彩、更丰富的视听效果。

拓展任务预览二维码如图 12.7 所示。程序脚本片段如图 12.8 所示。快来动手试试吧！

扫码在手机上玩

图 12.7　拓展任务预览二维码

"编程猫"程序脚本 片段三

"阿短"程序脚本 片段二

"舞娘"程序脚本 片段二

图 12.8　拓展任务各角色的程序脚本相关片段

第4章
编程猫与数学

通过前三个单元的学习，大家对各种积木都已经有了初步的了解，可以使用编程猫进行娱乐，或者解决生活中的一些问题。

本单元我们将使用编程猫来解决数学中的问题。在提高编程能力的同时，为未来成为一名优秀的数字工程师做准备吧！

十以内的加法

旋转的正多边形

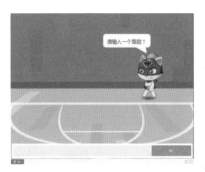

奇数和偶数

掷骰子游戏

第13节 十以内的加法

🚩 源码启航

最近，"编程猫"接到一个新的任务：编写一个能够给低年级同学出十以内加法题的程序。这对它来说根本不是什么难事！本节我们就和"编程猫"一起来完成这个任务吧！"十以内的加法"效果图及预览二维码如图 13.1 所示。

图 13.1 "十以内的加法"效果图及预览二维码

💡 源码解密

程序的编写思路：该程序将用到"列表"，通过"数据"中的"新建列表"功能新建"加数1""加数2""得数"三个列表。使用"数据"模块中的  积木可以在空白列表中增添数据，或者直接在列表编辑状态下向列表中添加数据。使用 对话 加数1 持续 1 秒 积木可以显示列表中的某一项。使用 询问 =? 并等待 积木来等待用户输入计算结果，当用户输入计算结果后，使用  积木将计算结果添加到"得数"列表的第一项。

源码学堂

1. 创建列表并添加数据

（1）启动编程猫，删除默认存在的角色和脚本。单击脚本编辑区的"数据"按钮 √，单击"新建列表"按钮，在弹出菜单的第一项中填写列表的名称"加数1"，然后单击"确定"按钮，完成"加数1"列表的创建。如图 13.2 所示。

图 13.2 创建列表

（2）给"加数1"列表添加数据，如图 13.3 所示。

图 13.3 在列表中添加数据

（3）以此类推，创建"加数2"列表和"得数"列表，并添加数据，如图13.4所示。

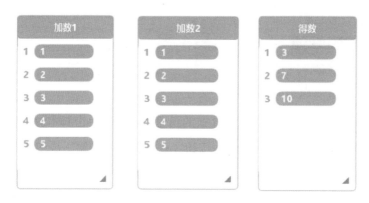

图13.4 "加数1"、"加数2"和"得数"三个列表

2. 程序设计

（1）按表13.1给出的思路，完成"出题"的脚本设计。

表13.1 "出题"的设计思路

设计思路	需使用的积木
按下"开始"按钮，程序开始执行	▶ 当开始被点击
显示列表"加数1"中第1项至第5项中随机的一项数据并持续1秒，再显示"+"并持续1秒，最后显示列表"加数2"中第1项至第5项中随机的一项数据并持续1秒	对话▾ Hi 持续 1 秒 加数1 第 1 项 在 1 到 5 间随机选一个数
脚本	

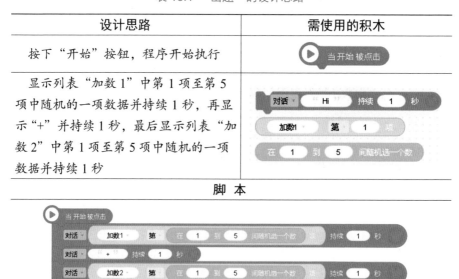

（2）出题后询问答案并将得到的答案添加到列表，如表 13.2 所示。

表 13.2 "询问答案后添加到列表"的设计思路

设计思路	需使用的积木
询问并等待答案，将得到的答案添加到"得数"列表的末尾	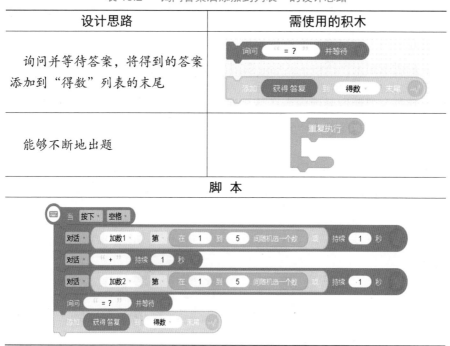
能够不断地出题	

脚 本

想一想

"编程猫"如何判断用户给出的答案是否正确呢？实现的效果为：如果答案错误，则重新答题；如果答案正确，则显示新的题目。

知识窗

脚本：创建新的列表，在列表中添加数据，引用列表的随机项进行出题，获得答复后将结果添加到新的列表中。

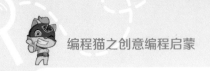
 瞭望区

列表是存放着许多个变量的容器，我们可以存储或者获得容器中每一个变量的值。它又像一个有许多抽屉的柜子，在积木盒子里可以使用列表相关的脚本积木，给柜子添加或删减抽屉、替换抽屉里的内容等。

比如，要调取某项内容在整个列表中的位置，如果调取的内容不在整个列表中，则返回数值"0"。

下面我们来看一个例子。

如图 13.5 所示，调取的是数值"2"在"编程猫"列表中的位置，返回数值"2"，即在第 2 位。

图 13.5　调取数值"2"在列表中的位置

如图 13.6 所示，调取"绿豆"在"编程猫"列表中的位置，由于"编程猫"列表中只有数值"1"和"2"，没有"绿豆"，所以返回数值"0"。

图 13.6 调取"绿豆"在列表中的位置

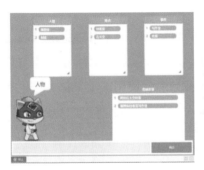

挑战台

设计并制作一个故事机,创建"人物""地点""事件""故事机"四个列表。询问"人物",将得到的回答插入到列表中;再询问"地点",将得到的回答加入"地点"列表;最后询问"事件",将得到的回答加入"事件"列表。

合并人物、地点、事件中的字符串,将合并后的字符串插入"故事机"列表,效果图及预览二维码如图 13.7 所示。

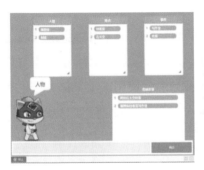

扫码在手机上玩

图 13.7 "故事机"效果图及预览二维码

第14节 旋转的正多边形

源码启航

编程猫中的角色可以通过重复执行特定的程序脚本，绘制出神奇的艺术图案。如图 14.1 所示，角色"笔"通过程序将一个正四边形旋转 12 次。是不是很奇妙呢？

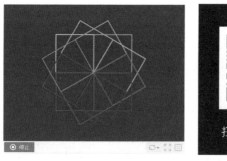

图 14.1 "旋转的正多边形"效果图及预览二维码

源码解密

首先，我们在编程猫中添加角色"笔"，利用 `移到 x 0 y 0` 积木将角色定位到舞台上指定的位置，利用 `面向 0 度` 积木控制角色起笔的方向，设定画笔的颜色、粗细等参数后，使用"重复执行"积木在舞台上绘制一个正四边形，再使用"重复执行"积木将正四边形旋转 12 次，绘制出奇妙的艺术图案。

 源码学堂

1. 添加角色

（1）启动编程猫，删除默认存在的角色和脚本。在角色区中单击"素材库"按钮，从素材库中找到角色"笔"，并添加至角色区。

（2）在画板中调整角色"笔"中心点的位置，如图 14.2 所示。

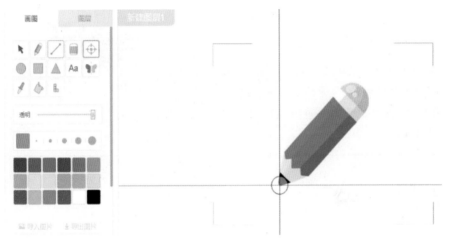

图 14.2　设置角色的中心点

2. 编写程序

参考表 14.1，尝试为"笔"搭建积木，完成正四边形的绘制。

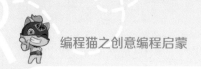

表 14.1　正四边形的设计思路

设计思路	积　木	脚　本
单击"开始"按钮，执行程序	当开始 被点击	当开始 被点击 移到 x 100 y -100 面向 180 度 设置 画笔 颜色 设置 画笔 粗细 5 落笔 重复执行 4 次 移动 200 步 旋转 -90 度 等待 0.1 秒
将角色移动到舞台上指定的坐标位置，使其面向左面	移到 x 0 y 0 面向 180 度	
设置画笔的颜色、粗细后，再设置落笔	设置 画笔 颜色 设置 画笔 粗细 5 落笔	
角色"笔"移动 200 步后，逆时针旋转 90 度（负数为顺时针旋转），等待 0.1 秒，重复执行上面的动作 4 次	重复执行 4 次 移动 200 步 旋转 -90 度 等待 0.1 秒	

知识窗

1. 角色面向的方向

编程猫"动作"模块中的 面向 90 度 积木，就是让角色面向 90 度方向，角色面向的方向用角度表示，角度的参数值可以自行设置。

以向右的角色造型为例，角色面向的方向与对应的角度如图 14.3 所示。

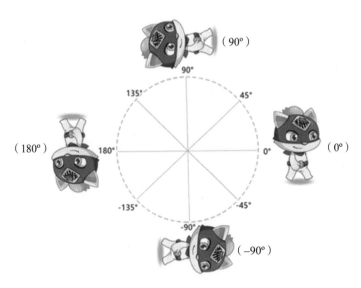

图 14.3　角色面向的方向与对应的角度

2. 角色旋转的度数

使用  积木，可以使角色旋转指定的度数。一般情况下，旋转分为顺时针旋转和逆时针旋转，数值为正数时，逆时针旋转；数值为负数时，顺时针旋转，如图 14.4 所示。

图 14.4　顺时针旋转和逆时针旋转方向示意图

3. 限次重复执行

观察表 14.2 中旋转的正四边形的程序设计思路。

表 14.2　旋转的正四边形的设计思路

设计思路	需使用的积木	脚 本
一个正四边形的脚本	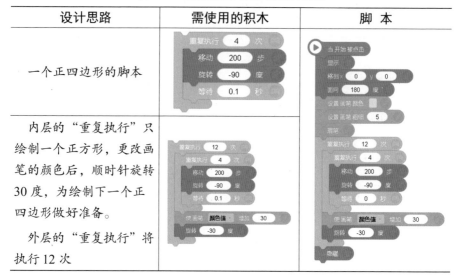	
内层的"重复执行"只绘制一个正方形，更改画笔的颜色后，顺时针旋转30度，为绘制下一个正四边形做好准备。 外层的"重复执行"将执行 12 次		

你有没有发现什么规律？是的，限次重复执行的参数决定了执行的次数。如果你足够细心，就会发现：12 次重复执行 × 每次重复执行旋转 30 度 = 360 度，因此，我们也可以更改参数，用 积木来编写脚本。

瞭望区

1. 定义函数

函数是一种封装脚本积木的积木，可以把一个长积木缩短成短积木。

在定义函数的输入框中可以设置函数名或修改函数名（不可重名），如图 14.5 所示。

函数

请输入函数名

确定　　　取消

图 14.5　函数的名称框

例如，我们定义一个函数为"画正方形"，然后封装"画正方形"需要用到的积木块。这样，我们下一次画正方形时，就只需要用这一块已经封装好的函数积木，如图14.6所示。

图 14.6　定义函数

2. 参数积木 参数

我们可以添加或修改函数中的参数，控制函数中的一些变量，如图14.7所示。

图 14.7　修改函数的参数

给"定义函数"增加参数后，部分函数积木会发生变化（如图14.8所示）。

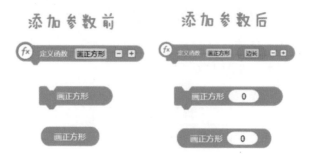

图 14.8　添加参数后的变化

　　需要注意的是，"参数"积木一般不在积木盒子中，而是直接从其所属的"定义函数"积木中拖出（复制）即可。

　　例如，我们给刚刚定义的正方形函数，增加一个叫作"边长"的参数，设置正方形每次移动"边长"的步数。可以看到"画正方形"积木发生了变化，多了一个可以输入参数值的位置，如设置为100，则可画出边长为100的正方形，如图14.9所示。

图 14.9　使用参数"边长"画正方形

　　当一个正多边形的边数超过36条时，这个多边形看起来就已经非常

接近圆形了。由此，我们可以通过改变多边形的边数来绘制旋转的彩色圆形，如图 14.10 所示。你想试一试吗？

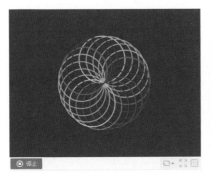 

扫码在手机上玩

图 14.10　"旋转的彩色圆形"效果图及预览二维码

第15节 奇数还是偶数

源码启航

"编程猫"有一项本领，你输入一个整数，它就可以判断这个数是奇数还是偶数，如图15.1所示。

图 15.1 "奇数与偶数"效果图及预览二维码

源码解密

使用 积木，当用户输入一个整数后，使用"如果……否则……"积木来判断。当输入的整数除以2余数为0时，"编程猫"反馈该整数是"偶数"，否则反馈该整数是"奇数"。

源码学堂

参考表 15.1 中给出的思路，尝试完成"奇数还是偶数"的脚本设计。

表 15.1 "奇数还是偶数"程序设计思路

设计思路	需使用的积木	脚　本
单击"开始"，启动程序	▶ 当开始 被点击	
询问并等待	询问　请输入一个整数！　并等待	▶ 当开始 被点击 询问　请输入一个整数！　并等待 如果　获得答复 ÷ 2 的余数 = 0
回答除以 2 的余数为 0	获得答复 ÷ 2 的余数 = 0	对话　偶数　持续 2 秒 否则 ⊞ 对话　奇数　持续 2 秒
如果条件成立就显示为"偶数"，否则就显示为"奇数"	如果 对话　偶数　持续 2 秒 否则 ⊞ 对话　奇数　持续 2 秒	

想一想

利用"运算"模块中的 获得答复 ÷ 2 的余数 = 0 积木和"控制"模块中的 如果 积木，能否实现十二生肖速算的效果呢？"编程猫算生肖"效果图如图 15.2 所示。

图 15.2 "编程猫算生肖"效果图

请思考下面两个问题。

1. 生肖与参数如何对应?

2. 如何编写"编程猫算生肖"的程序脚本?

十二生肖速算的方法很简单,诞生年代除以 12,如果能整除,余数视为零。不能整除的,取余数后,按照下面的数字表找出对应的生肖动物。

0—猴 1—鸡 2—狗 3—猪

4—鼠 5—牛 6—虎 7—兔

8—龙 9—蛇 10—马 11—羊

参考表 15.2 中给出的思路,尝试完成"编程猫算生肖"的脚本设计。

表 15.2 "编程猫算生肖" 程序设计思路

设计思路	需使用的积木	脚 本
单击"开始",启动程序	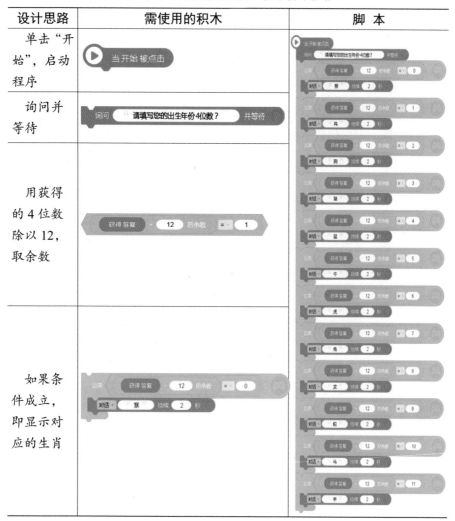	
询问并等待		
用获得的 4 位数除以 12,取余数		
如果条件成立,即显示对应的生肖		

知识窗

1. 积木脚本:询问并等待;除以一个数后取余数;如果……否则……。

2. 设计思路:数学中除法取余与条件判断的运用。

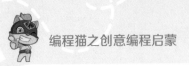

瞭望区

布尔值的历史

19 世纪，英国数学家乔治·布尔发明了仅使用 1 和 0 构成真（true）和假（false）的逻辑系统，后人使用"布尔"这个名字纪念他对逻辑运算的特殊贡献。布尔代数后来成为现代计算机科学的基础。

在现实生活中，我们无时无刻不在使用布尔表达式。例如，计算机使用它来决定到底执行程序的哪一个分支；机械手臂也使用了布尔表达式，当它检查流水线上移动着的零件时，如果质量好（true），则将零件移动到第一个盒子，如果质量不好（false），则移动到第二个盒子；在家庭安全系统中，若输入了错误的代码（false），则警报声响起，若代码正确（true），则关闭警报声；当你在超市购物刷卡时，若银行卡的状态是有效的（true），则授权访问远程服务器，反之，若状态是无效的（false），则拒绝访问远程服务器。

挑战台

参考"编程猫算生肖"程序的脚本，尝试设计一个能够计算星座的程序。

第16节 掷骰子游戏

 源码启航

掷骰子是生活中常见的小游戏，我们可以用编程猫软件编写一个模拟掷骰子的小程序，然后让"编程猫"读出骰子上的点数，如图16.1所示。

扫码在手机上玩

图 16.1 "掷骰子游戏"效果图及预览二维码

源码解密

"骰子"角色共有六个造型，每个造型都是骰子的一个面，给六个造型按1至6进行编号。按下空格键，则六个造型循环切换，而后停止，将造型随机切换至6个造型中的某一个。掷骰子程序的脚本如图16.2所示。

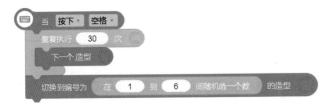

图 16.2　掷骰子程序的脚本

源码学堂

1. 添加"骰子"角色

启动编程猫，删除默认的角色和脚本。在素材库"道具"类别中找到有六个造型的"骰子"角色，如图 16.3 所示，添加到角色区。骰子的六个造型如图 16.4 所示。

图 16.3　添加"骰子"角色

图 16.4 骰子的六个造型

2. 为"骰子"角色编写程序

使用空格键来投掷骰子，使用"重复执行"积木来控制骰子的持续翻滚动作，最后随机切换至 6 个造型中的某一个。

（1）单击脚本编辑区右上方的"数据"按钮，如图 16.5 所示。单击"新建变量"按钮，建立一个新的全局变量，并将其命名为"造型随机数"，单击"确定"按钮，完成变量的添加，如图 16.6 所示。

（2）单击"数据"按钮中变量"造型随机数"中的 按钮，勾选"隐藏变量"选项，将舞台上的变量"造型随机数"隐藏。

图 16.5 数据按钮

图 16.6 新建变量

（3）参考表 16.1 的设计思路，尝试完成"骰子"的程序脚本设计。

表 16.1 "骰子"程序的脚本

设计思路	需使用的积木
按下空格键，开始掷骰子	当 按下 空格
重复执行可以模仿骰子的翻滚效果	重复执行 30 次 下一个造型
将 6 个造型的随机数分别存入变量"造型随机数"，骰子被投掷后，切换为变量中存储的随机数所对应的造型	设置变量 造型随机数 的值为 在 1 到 6 间随机选一个数 切换到编号为 造型随机数 的造型
发送一条"造型切换完毕"的广播	发送广播 造型切换完毕

脚　本

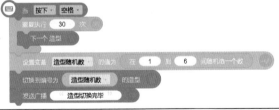

3. 设计编程猫报骰子点数的程序

当"编程猫"接到"造型切换完毕"的广播后，读出变量中存储的造型随机数。

选中角色"编程猫"，搭建积木，"'编程猫'报点数"的程序脚本如图 16.7 所示。

图 16.7 "'编程猫'报点数"程序脚本

 **想一想**

在日常生活中，玩掷骰子的游戏时，我们通常都会使用两至三颗骰子一起投掷，如果在本节游戏中再添加一颗骰子，"编程猫"能够准确报出两颗骰子的点数之和吗？需要用到几个变量？应该怎样修改程序呢？

知识窗

增加一颗骰子后，为了记录不同骰子的点数，我们可以增加一个变量。此外，"编程猫"读出两颗骰子点数之和的积木是 ，游戏效果图如图 16.8 所示。

图 16.8 掷两个骰子的游戏效果图

瞭望区

数据类积木：

"编程猫"有三盒糖果，它每天都会吃掉几颗。所以糖果剩下的颗数和吃掉的颗数都在不断变化！我们可以把它们理解为变量。

变量是会变化的数值，而变量积木可用来调取某个设定好的变量数值。

我们可以在变量原来的数值基础上，增加或减少输入的数值。

例如，我们设定一个变量为"按的次数"，并设定"当角色被点击"时，这个"按的次数"变量增加 1，如图 16.9 所示。

图 16.9　使变量增加 1

我们还可以结合"随机"和"重复执行"积木，来设定游戏中的不稳定数值，如速度、坐标等。

侦测类积木：

该积木可以调取角色的某个数据，如 x 坐标、y 坐标、造型编号、角度、造型名称、大小、颜色、透明度、亮度等。

例如，骰子有六个面，就有六个造型，每个造型都有自己的编号，对应的就是 1 至 6 的六个数字，称为"造型编号"。我们可以调取角色的造型编号进行数值的计数或运算。

挑战台

本节知识窗中掷两个骰子的游戏，我们创建了两个变量来分别存储两个骰子的随机点数。其实使用一个变量也可以完成编程，请你参考图 16.10，尝试使用一个变量实现同样的游戏效果。

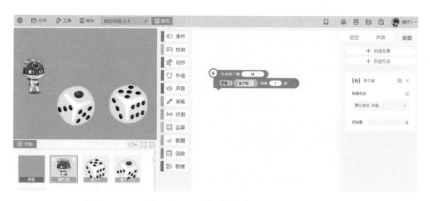

图 16.10　掷两个骰子的游戏（使用"一个变量"）

你能再挑战一下吗？不使用变量，直接利用"造型编号"积木实现同样的游戏效果，快来试试吧！

"骰子的造型编号"部分脚本如图 16.11 所示。

图 16.11　"骰子的造型编号"部分脚本

第5章
编程猫与科学

本单元我们将借助编程猫，通过模拟光的反射、秒针的运动，以及机器人的运动，体会建立模型这一科学研究的重要方法。

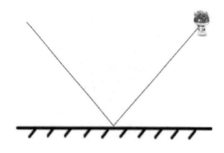

光的反射

钟表秒针运动

距离侦测机器人

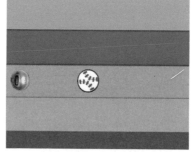

角色侦测机器人

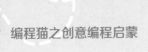

第17节 光的反射

 源码启航

我们知道，光是沿直线传播的。当光碰到了镜面后，传播方向会改变，发生光的反射。本节我们将通过编程猫来模拟光的反射，如图 17.1 所示。

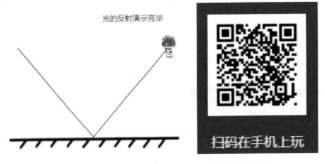

图 17.1 "光的反射"效果图及预览二维码

源码解密

在编程猫软件中，角色的位置可以通过横坐标 x 和纵坐标 y 来表示，假设在横坐标轴上放了一面镜子，让"编程猫"从一个位置（-300，200）移动到原点（0，0），再从原点移动到另一个位置（300，200）。"编程猫"移动的轨迹就是一束光照向镜子发生反射的传播路线。使用"编程猫"中"画笔"模块的相关积木将"编程猫"移动的路径显示出来，即可模拟光的反射。

 源码学堂

1. 模拟一束光照向镜子

（1）启动编程猫，删除默认的脚本。单击"绘制角色"按钮 ，打开"绘图编辑器"，用"直线"工具 绘制一条线段作为镜面，用"画笔工具" 绘制镜面的背面效果，如图17.2所示。

图 17.2　绘制镜面

（2）修改角色名称为"镜子"，单击"保存"按钮，完成新角色的绘制。在舞台上可以看到新绘制的"镜子"角色。

（3）单击"显示/隐藏坐标"按钮 ，拖动"镜子"角色，使镜面位置与 x 轴重合，如图17.3所示。

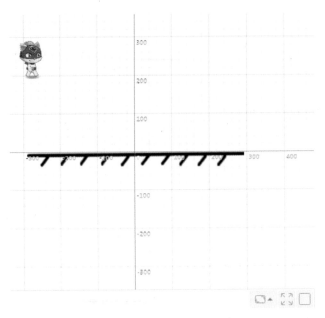

图 17.3 使镜面与 x 轴重合

（4）选中"编程猫"角色，搭建积木，程序脚本如图 17.4 所示。让"编程猫"在 2 秒钟的时间内从位置 (–300，200) 移动到原点（0，0），并显示出运动轨迹，即为入射光线。

图 17.4 "编程猫"绘制入射光线的脚本

2. 绘制反射光线

让"编程猫"在 2 秒内从原点 (0，0) 移动到另一个位置（300，200），即可显示反射光线的轨迹，所用积木如图 17.5 所示。

图 17.5 绘制反射光线的积木

 想一想

1. "在（ ）秒内，移到 x（ ）y（ ）"积木中时间的设置有什么规律？

2. 程序可以做哪些改进？

比如，尝试改变"编程猫"角色的大小，在"编程猫"运动前添加适当的文字说明。

 知识窗

通过该积木可以让角色在指定时间内移动到某个坐标点。

瞭望区

光线的反射

光射到物体表面时，有一部分会被物体表面反射回来，这种现象叫作光的反射。

光反射时，反射光线、入射光线和法线在同一平面内，反射光线、入射光线分布在法线两侧，反射角等于入射角，如图 17.6 所示。

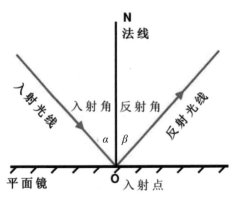

图 17.6　光的反射

镜面反射与漫反射

当平行光射到平面镜上时，反射光仍是平行的，这种反射叫作镜面反射，如图 17.7 所示。

当一束平行的入射光线射到粗糙的表面时，光线向着四面八方反射。入射光线虽然互相平行，但由于各点的法线方向不一致，造成反射光线无规则地射向不同的方向，这种反射称之为漫反射，如图 17.8 所示。

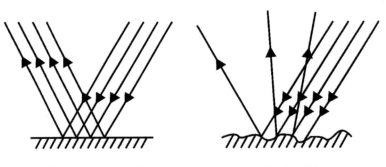

图 17.7 镜面反射　　　　图 17.8 漫反射

本节中模拟的反射是镜面反射。

 挑战台

1. 潜水艇上装有潜望镜，当潜水艇潜到水下时，水兵常常利用潜望镜观察海面上的情况，请你用编程猫模拟光线在潜望镜中的传播效果。

2. 发挥想象，利用光线的反射原理，还可以制作什么有趣的作品？试一试吧！

第18节 模拟钟表秒针

 源码启航

钟表是日常生活中的常见物品，本节我们将使用编程猫编写一个小程序，模拟钟表的秒针，如图18.1所示。

图 18.1 "模拟钟表秒针"效果图及预览二维码

 源码解密

绘制出表盘、秒针，设置秒针的中心点，使指针按一定的角度旋转，停留1秒，就可以模拟钟表秒针的运动。

源码学堂

1. 绘制表盘

（1）启动编程猫，删除默认的角色和脚本。单击"绘制新角色"按钮，打开绘图编辑器。

（2）单击"圆形"工具 ⬤，绘图区会出现一个默认的圆，拖动圆的调节点，将圆调整至合适的大小。

（3）在"颜色选择区" ▨ 设置透明度、颜色。

（4）重复步骤（1）、（2）、（3），再绘制一个圆。将圆的颜色设置为白色，使圆的大小比第一个圆略小，两个圆叠加，呈现圆环形的表盘，如图 18.2 所示，修改角色名称为"表盘"，单击"保存"按钮。

图 18.2　绘制表盘

（5）单击"中心点"工具 ✛，将圆形的中心点设置为圆心的位置。

2. 绘制秒针

（1）单击"绘制新角色"按钮，打开绘图编辑器，用"直线"工具绘制线段，设置颜色、透明度，拖动线段至合适的位置，并调整其大小。

（2）单击"圆形"工具，在线段的一端绘制一个小圆形，设置圆的颜色、透明度，并调整其大小。修改角色名称为"秒针"，并保存。

（3）单击"中心点"工具 ✛，将秒针的中心点设置到圆形的圆心位置，如图 18.3 所示。

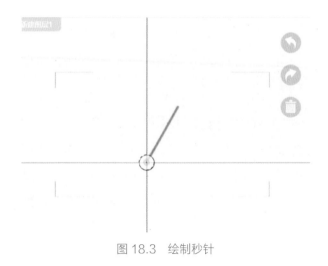

图 18.3　绘制秒针

3. 确定角色在舞台中的位置

（1）单击"舞台"按钮  ，设置舞台的板式为横版 4 ：3。

（2）选中"表盘"角色，在属性窗口的底部设置 x 的值为 0，y 的值为 0，使"表盘"的中心点与舞台的中心点（0，0）重合，如图 18.4 所示。

图 18.4　将"表盘"坐标设置为（0,0）

（3）选中"秒针"角色，参照第 2 步的操作，使其中心点与舞台中心点重合。

4. 程序设计

参考表 18.1 的设计思路，尝试完成"秒针"的程序脚本设计。

表 18.1 模拟钟表"秒针"的设计思路

设计思路	需使用的积木	脚本
"秒针"的旋转方向是顺时针，圆周是360度，需要走60次，所以每次顺时针旋转6度	旋转 -6 度	当 开始 被点击 重复执行 60 次 旋转 -6 度 等待 1 秒
旋转1次，等待1秒	等待 1 秒	
模拟秒针运动60秒，要重复执行60次	重复执行 60 次	

想一想

"模拟钟表秒针"程序还可以做哪些改进呢？发挥你的想象，试一试吧！

表18.2中列出了模拟钟表秒针的一些改进思路。

表 18.2 模拟钟表秒针的改进思路

改进角度	设 想
造型	如果"表盘"和"秒针"的造型更加精致就更好了
声音	"秒针"运动时会发出什么声音呢？

知识窗

本节"模拟钟表秒针"涉及的积木及其功能如表18.3所示。

表18.3 "模拟钟表秒针"使用的积木及其功能

积木	功能
	中心点是一个可以自由设定的点，可以设置在角色各个位置，角色可以围绕着这个中心点进行旋转、缩放、对称等。将中心点设置在不同位置，会出现不同的效果
表盘 👁 X: 0 Y: 0	设置角色在舞台中的坐标（x，y），实现对象的精确定位
旋转 -6 度	使角色旋转指定的度数。一般情况下，旋转分为顺时针旋转和逆时针旋转，数值为正数时，逆时针旋转；数值为负数时，顺时针旋转
等待 1 秒	等待（ ）秒后，执行下面的脚本
重复执行 20 次	重复执行（ ）次此积木框内的脚本，执行完成后运行此积木下的脚本

瞭望区

钟表历史

原始人凭借天空颜色的变化、太阳的光度来判断时间。古埃及人发现影子长度会随时间改变。古巴比伦人发明了日晷，后来他们又发明了水钟。古代中国人有以水来计时的工具——铜壶滴漏，他们还会通过焚香来计时。

公元1300年以前，人类主要利用天文现象和流动物质的连续运动来计时。例如，日晷通过日影的方位计时，漏壶和沙漏利用水流和沙流的流量计时。

东汉时期，张衡制造了漏水转浑天仪，用漏壶滴水推动浑象均匀地旋转，一天刚好转一周。北宋时期，苏颂和韩公廉等创制水运仪象台，已运用了擒纵机构。

13 世纪，意大利北部的僧侣开始建立钟塔（或称钟楼），其目的是提醒人们祷告的时间。

16 世纪，德国开始有了摆放在桌上的钟。那些钟只有一支针，钟面分成四部分，使读取的时间准确至最近的 15 分钟。

17 世纪，逐渐出现了钟摆和发条，使钟的运转精度得到了很大的提高。

1946 年，美国的物理学家利比博士弄清楚了原子钟的原理。两年后，他创造出了世界上第一座原子钟，时至今日也是最先进的钟。它的运转是借助铯、氨原子的天然振动而完成的，它在 300 年内都能准确地运转，误差非常小。

20 世纪，开始进入钟表石英化时期。

21 世纪，根据原子钟原理研制的能自动对时的电波钟表技术逐渐成熟。

 挑战台

我们已经学会了模拟秒针的运动轨迹，请同学们继续完善钟表，美化页面，添加声音，再绘制分针和时针，通过编程让它们模拟分针和时针的运动吧！

第19节 机器人仿真之距离侦测

 源码启航

科技每时每刻都在改变着我们的生活，以前机器人看似遥不可及，现在却已经慢慢融入了我们的日常生活中。

本节我们使用编程猫仿真制作一个可以自动侦测距离，并能根据侦测的距离做出反应的智能机器人，如图 19.1 所示。

图 19.1 "机器人仿真之距离侦测"效果图及预览二维码

 源码解密

在编程猫中使用 侦测 模块，利用 到 新角色 的距离 积木，可以侦测到其他角色的距离，机器人根据侦测到的数值大小做出相应的判断，完成指定的动作。

 源码学堂

1. 角色设计

（1）启动编程猫，删除默认存在的角色和脚本。

（2）单击"新建角色"按钮，命名为"机器人"，单击"保存"，如图19.2 所示。

图 19.2　保存"角色"

（3）单击"造型"按钮 👕，单击"上传"按钮，如图 19.3 所示。

图 19.3　通过"上传"添加角色造型

（4）选中机器人图片，完成上传，如图 19.4 所示。由此可见，在编程猫软件可以将现有的本地图片作为造型直接导入。

图 19.4　完成造型的"上传"

（5）新建角色，用"圆形"工具绘制圆形，并设置颜色，调整大小。在角色区将"圆形"角色移动到"机器人"角色的左边，使"机器人"角色置于上一层，如图 19.5 所示。

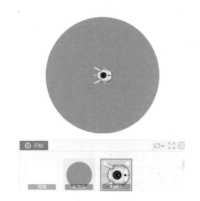

图 19.5　调整"机器人"角色的叠放次序

2. 程序设计

"距离侦测机器人"是如何运动的呢？参考表 19.1 的设计思路，尝试完成机器人侦测距离的程序脚本设计。

表 19.1 机器人侦测距离的设计思路

设计思路	需使用的积木	脚 本
机器人向前移动	移动 10 步	当 开始 被点击 重复执行 移动 1 步 如果 到 新角色 的距离 > 260 旋转 3 度
一直移动	重复执行	
如果到桌面的距离大于 260，机器人就旋转	如果 0 > 0 到 编程猫 的距离 旋转 30 度	

想一想

1. 程序中设置的旋转角度，对机器人的运动会产生什么影响?

2. 移动的步数可以任意设置吗? 为什么?

知识窗

本节涉及的积木及其功能如表 19.2 所示。

表 19.2 本节涉及的积木及其功能

积木	功能
到 新角色 的距离	调出当前角色到目标角色的距离
0 = 0	属于布尔值类型积木，如果第一个数值和第二个数值判断关系成立,则条件成立。下拉选项中有"=""≠""<""≤"">""≥"

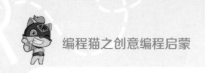
续表

积木	功能
	如果嵌入处的条件成立，则执行"如果"积木框内的脚本，否则跳过此积木块

瞭望区

什么是机器人？

机器人（Robot）一词最早于 20 世纪初出现在捷克的一部叫作《罗索姆的万能机器人》的科幻小说中。原文里本来是写作"Robota"的，后来慢慢演变成了大家都接受的"Robot"一词。不过，大家可别被机器人这个名字所误导，认为机器人就一定长得和我们人类相似。实际上，机器人的外表千奇百怪。

那么，机器人是如何定义的呢？科学家们说，机器人是一种自动化的机器，能够依靠自身的动力和控制能力完成某种任务，这种机器具备一些与人或生物相似的智能能力，如感知能力、规划能力、动作能力和协同能力等。按照这个定义，我们日常生活中每天都接触到的很多机械设备，如自动售货机、全自动洗衣机、自动取款机，甚至是红外感应的自动冲水马桶，都能算是机器人了。

而智能机器人比一般的机器人又进了一步。如果一个机器人能够利用传感器感知外部世界，然后对外界环境的变化做出反应，那么这种机器人就可以称为智能机器人了。

挑战台

完善"距离侦测机器人"，看看谁的界面更漂亮，角色更丰富，运行更稳定。

第20节　机器人仿真之角色侦测

源码启航

在自然界，昆虫通过触角等不同的方式检测前方的障碍物，在遇到障碍物时绕道而行。机器人在前进的途中，也会遇到各种各样的障碍物，这就需要给机器人增加角色侦测的功能，当机器人碰到障碍物时，改变运动的方向，绕过障碍物，从而实现机器人的自动避障，如图 20.1 所示。

图 20.1　"机器人仿真之角色侦测"效果图及预览二维码

源码解密

在编程猫中使用 侦测 模块中的 自己 碰到 新角色1 积木可以侦测某角色是否碰到了其他角色，从而完成指定动作，仿真制作角色侦测机器人。

 源码学堂

1. 角色设计

启动编程猫,删除默认存在的角色和脚本,从本地文件导入"背景""机器人""小球"三个角色，如图 20.2 所示。

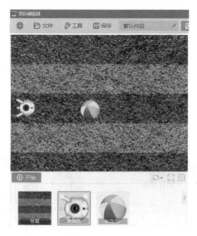

图 20.2　导入任务素材

2. 程序设计

"角色侦测机器人"是如何运动的呢？参考表 20.1 的设计思路，尝试完成"角色侦测机器人"侦测角色的程序脚本设计。

表 20.1　"角色侦测机器人"的设计思路

设计思路	需使用的积木	脚本
开始时，将"小球"的位置初始化	当 开始 被点击 移到 x 0 y 0	当 开始 被点击 移到 x -60 y -35

续表

设计思路	需使用的积木	脚本
"机器人"位置的初始化	移到 x -200 y -30	当 开始 被点击 移到 x -200 y -30 重复执行 如果 自己 碰到 小球 旋转 90 度 重复执行 100 次 移动 1 步 旋转 -90 度 重复执行 230 次 移动 1 步 旋转 -90 度 重复执行 100 次 移动 1 步 旋转 90 度 移动 1 步 碰到边缘就反弹
"机器人"前进1步，遇到边缘就反弹，反复执行	重复执行 移动 1 步 碰到边缘就反弹	
"机器人"在前进的过程中，如果碰到"小球"，则走"凸"字形绕过"小球"	如果 自己 碰到 新角色1 旋转 90 度 重复执行 120 次 移动 1 步	

想一想

1. "移动120步"和"重复执行120次，每次移动1步"的区别是什么？

2. 该程序可以做哪些改进，你打算优先进行哪个方面的改进？为什么？

3. 与同学们交流一下改进意见，分析大家的改进都是从哪几个角度进行的，每个角度具体应如何改进。

 知识窗

本节"角色侦测"涉及的积木及其功能如表20.2所示

表20.2 "角色侦测"涉及的积木及其功能

积木	功能
初始化	恢复程序运行后所有可能改变的状态，常用的有恢复到指定的位置，面向指定的角度等
自己 碰到 ？	属于布尔值类型积木，侦测指定角色是否碰到目标角色

 挑战台

本节"角色侦测"案例中的"机器人"是按"凸"字形绕过障碍物的，你还能想到其他的方式来绕过障碍物吗？程序该如何编写呢？试一试吧！

第6章
拓展实践

在前面的单元中，我们以基于生活、艺术、数学、科学的趣味案例为主线，学习了编程猫源码编辑器的基本操作方法和基础知识。

本单元，我们将以"太空激战"游戏编程为入口，继续以编程猫图形化编程平台为载体，深入学习编程。

太空激战 I　　　　太空激战 II

第21节 太空激战I

 源码启航

本节我们将进行太空系列作品的创作，开发"太空激战 I"游戏。单击"开始"按钮启动游戏后，拖动飞船并移动飞船，躲避空间射来的炮弹。"太空激战 I"效果图及预览二维码如图 21.1 所示。

图 21.1 "太空激战 I"效果图及预览二维码

源码解密

本节的编程任务主要是控制飞船在太空中躲避射击。当游戏开始时，拖动飞船控制飞船移动，躲避迎面而来的炮火。如果飞船被击中，那么游戏结束。完成此项目需要综合运用前面所学的相关知识。

源码学堂

1. 添加角色

新建作品，添加相关素材。启动编程猫，删除默认存在的角色和脚本，从"素材库"进入到"素材商城"，搜集图 21.2 所示的角色素材并添加到角色区。

图 21.2　角色素材

2. 克隆"炮弹"

（1）"炮弹"的运行方式就是一直重复执行克隆自己，然后慢慢改变坐标位置，向下降落。搭建积木，编写"炮弹"角色的程序如图 21.3 所示。

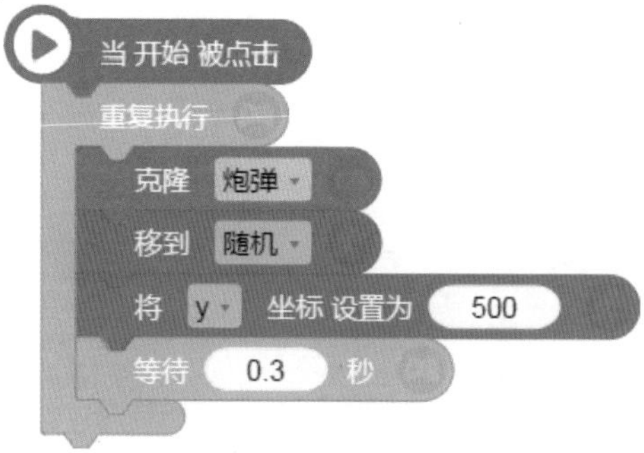

图 21.3　"炮弹"角色的程序脚本

（2）"炮弹"本体的编程完成后，要进行"炮弹"克隆体的编程，需要为克隆体设置一个向下降落的程序，然后当"炮弹"碰到边缘的时候消失，

即删除自己，当"炮弹"碰到"飞船"的时候，游戏结束，程序脚本如图21.4所示。

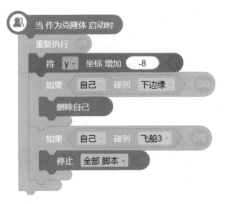

图21.4 "炮弹"克隆体的程序脚本

3. 设计"飞船"

（1）选中角色"飞船3"，搭建积木，"飞船3"的程序脚本如图21.5所示。

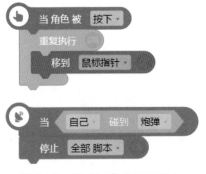

图21.5 "飞船3"的程序脚本

（2）单击屏幕上的"开始"按钮，运行程序，"炮弹"会随机地向下降落，使用鼠标控制"飞船"的移动，避免"飞船"和"炮弹"产生碰撞，一旦碰撞，则游戏结束，如图21.6所示。

图 21.6 "炮弹"击中"飞船"的效果

4. 设计"火球"

（1）选中角色"火球"，使用"克隆"积木，编写脚本，实现"飞船"的火焰喷射效果，"火球"的程序脚本如图 21.7 所示。

图 21.7 "火球"的程序脚本

（2）设置"火球"的焰火特效，使其移动到"飞船"角色喷射口处，接着使角色慢慢变透明，并往下移动，直到看不见，最后删除角色。若不

删除角色，舞台中的角色会越来越多，最终使浏览器性能下降至崩溃。

5. 设置背景

添加声音素材后，选中"背景"，搭建积木，程序脚本如图 21.8 所示。

图 21.8　设置"背景"的程序脚本

至此，我们"太空激战 I"游戏的程序就搭建完毕了。

想一想

"炮弹"增加的效果，除了使用克隆，还可以通过分裂积木实现。具体应该如何实现呢？

知识窗

云数据允许用户将变量的值存储在云端服务器中，用户在游戏过程中可以随时调取或上传云变量的值，还能与其他用户共享与交流，产生意想不到的游戏效果。

在积木实验室中可以找到"云变量"功能块，可添加"云端"积木盒子。云变量在其变量名前会有"♣"字符，以便与常规变量进行区分。云变量积木与常规变量积木无法混合搭配使用。

由于云数据模块的特殊性，在离线编辑器或无网络的情况下都无法使用云数据相关积木。未登录账号的用户无法使用云数据，打开的云变量作

品不会读取云端的值，修改的值也不会被上传到云端。

 瞭望区

　　Nemo 是编程猫团队研发的移动端图形化编程工具，它突破了以往编程对硬件边界的依赖，赋予了编程更多可能发生的场景。Nemo 依托于移动智能终端存在，目前它能实现的功能很多，比如，编写一个动漫故事，制作一个植物图鉴，绘制电子图画，开发一个班级管理的小程序，进行一个关于割圆术求圆周率的数学实验，编排一出《小木偶》的动画剧，开发一款飞机大战的经典小游戏，创作一款能互动的艺术作品，等等。编程猫 Nemo 二维码如图 21.9 所示。

识别或扫描二维码下载《编程猫Nemo》

图 21.9　编程猫 Nemo 二维码

 挑战台

　　1. 请谈谈克隆积木与图形化积木的异同。

　　2. 如图 21.10 所示，在舞台中克隆熊猫，并让他们列成方阵，应该怎样编写程序脚本？

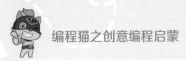
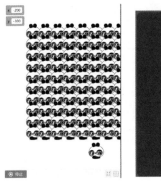

图 21.10 克隆熊猫及其预览二维码

第22节 太空激战 II

 源码启航

本节我们将继续太空系列游戏作品的创作，完成"太空激战 II"游戏。游戏预期效果为：单击"开始"按钮启动游戏，使用键盘上的左键控制开火，使用鼠标控制飞船躲避炮火。若被炮弹、子弹或敌机击中，飞船的血量会出现不同程度的降低，血量为 0 时游戏结束。游戏效果图及预览二维码如图 22.1 所示。

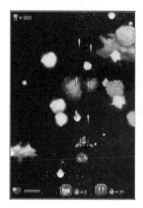

图 22.1 "太空激战 II"效果图及预览二维码

此外，在太空激战的过程中，飞船会随机得到加血包、武器 II 宝箱和武器 III 宝箱，以及弹药威力增强宝箱。每隔一段时间会出现一个 Boss，击败 5 个 Boss 则完成通关。

源码解密

在上一节游戏的基础上，为了使太空激战游戏更加丰富、精彩，我们将引入更多的素材，设计并增加变量、列表和模块。

源码学堂

1. 添加素材

（1）启动编程猫，删除默认存在的角色和脚本，或创建空白项目。

（2）根据前面的规划，从"素材库"进入"素材商城"，选取图 22.2 所示的背景和角色素材，并添加到角色区。

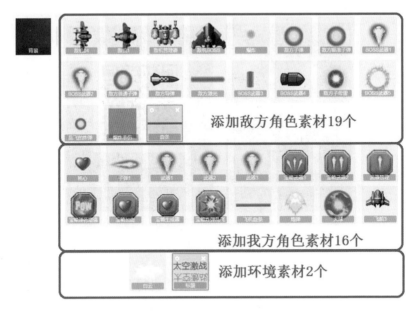

图 22.2 "太空激战 II"素材

（3）我们还需要增加部分角色的造型，如图 22.3 所示。

图 22.3　角色造型一览图

2. 设置变量

如表 22.1 所示，设置变量 79 个。其中全局变量 23 个，局部变量 46 个，公有云变量 10 个。（可根据需求增加或删减变量。）

表 22.1　设置的变量

编号	变量名称	默认值	使用范围	默认是否可见
#1	posx	0	全局变量	否
#2	posy	500	全局变量	否
#3	游戏阶段	0	全局变量	否
#4	test	0	全局变量	否
#5	游戏时间	0	全局变量	否
#6	武器类型	1	全局变量	否
#7	武器可用时间	999	全局变量	是
#8	弹药增强可用时间	0	全局变量	是

续表

编号	变量名称	默认值	使用范围	默认是否可见
#9	BOSS 总血量	1000	全局变量	否
#10	BOSS 血量	0	全局变量	否
#11	BOSS 状态	0	全局变量	否
#12	游戏难度	1	全局变量	否
#13	游戏得分	0	全局变量	是
#14	BOSS 退场时间	0	全局变量	否
#15	我的飞机速度	10	全局变量	否
#16	飞机血量	0	全局变量	否
#17	飞机总血量	0	全局变量	否
#18	排行 1	No1 test	全局变量	是
#19	排行 2	No2 test	全局变量	是
#20	排行 3	No3 test	全局变量	是
#21	排行 4	No4 test	全局变量	是
#22	排行 5	No5 test	全局变量	是
#23	按钮显示时间	2	全局变量	否
#24	旧角度	0	局部变量	否
#25	新角度	0	局部变量	否
#26	上次发射	0	局部变量	否
#27	发射速度	30	局部变量	否
#28	随机数	0	局部变量	否
#29	上次发射	0	局部变量	否
#30	发射速度	40	局部变量	否
#31	上次发射	0	局部变量	否
#32	发射速度	40	局部变量	否
#33	随机数	0	局部变量	否
#34	敌机 x	0	局部变量	否
#35	敌机 y	0	局部变量	否
#36	速度	10	局部变量	否
#37	血量	0	局部变量	否
#38	血量	0	局部变量	否
#39	随机数	0	局部变量	否

续表

编号	变量名称	默认值	使用范围	默认是否可见
#40	轨迹	0	局部变量	否
#41	宝箱随机数	0	局部变量	否
#42	角度	0	局部变量	否
#43	目标角度	0	局部变量	否
#44	当前角度	0	局部变量	否
#45	角度差	0	局部变量	否
#46	坐标 x	0	局部变量	否
#47	私有时钟	0	局部变量	否
#48	BOSS 中弹时间	0	局部变量	否
#49	爆炸延时	0	局部变量	否
#50	angle	0	局部变量	否
#51	音效	0	局部变量	否
#52	循环	0	局部变量	否
#53	循环	0	局部变量	否
#54	敌机类型	0	局部变量	否
#55	移动速度	0	局部变量	否
#56	移动速度	0	局部变量	否
#57	移动速度	0	局部变量	否
#58	敌机生命	0	局部变量	否
#59	飞行轨迹	0	局部变量	否
#60	生命	0	局部变量	否
#61	速度	0	局部变量	否
#62	速度	0	局部变量	否
#63	速度	0	局部变量	否
#64	保护时间	0	局部变量	否
#65	速度	0	局部变量	否
#66	速度	0	局部变量	否
#67	生命	0	局部变量	否
#68	速度	0	局部变量	否
#69	爆炸延时	0	局部变量	否
#70	云名 1	0	公有云变量	否
#71	云名 2	0	公有云变量	否

续表

编号	变量名称	默认值	使用范围	默认是否可见
#72	云名 3	0	公有云变量	否
#73	云名 4	0	公有云变量	否
#74	云名 5	0	公有云变量	否
#75	云分 1	0	公有云变量	否
#76	云分 2	0	公有云变量	否
#77	云分 3	0	公有云变量	否
#78	云分 4	0	公有云变量	否
#79	云分 5	0	公有云变量	否

3. 设置列表

如表 22.2 所示，设置 8 个列表（可根据需求增加或删减列表）。

表 22.2　列表的设置

编号	列表名称	默认值	使用范围	默认是否可见
#1	我方子弹发射参数	0 0 0 0	全局变量	否
#2	敌机生成参数	0 0 0 0	全局变量	否
#3	爆炸生成参数	0 0 0 0 0 0	全局变量	否

编号	列表名称	默认值	使用范围	默认是否可见
#4	敌方普通子弹生成参数	0 0 0 0	全局变量	否
#5	敌方导弹参数	0 0 0 0	全局变量	否
#6	BOSS 坐标	0 0	全局变量	否
#7	爆炸杀伤参数	0 0 0 0 0	全局变量	否
#8	玩家炸弹参数	0 0 0 0 0 0	全局变量	否

4. 设置背景

游戏背景如图 22.4 所示，在角色中设置云变量、云得分、排行榜源码、屏幕 1 滚屏、云朵环境和背景音乐等。

图 22.4　屏幕 1 的背景效果

背景的具体程序脚本如图 22.5 所示。

（a）背景音乐

（b）游戏时间与滚屏

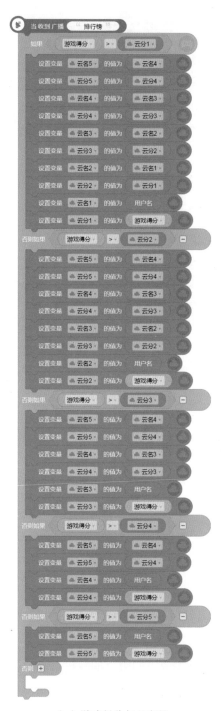

（c）游戏得分与云变量

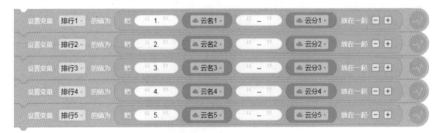

（d）排行榜与云变量

（e）排行隐藏与白云克隆

图 22.5　背景的程序脚本

5.　37 个角色源码的设计

设计双方阵营中的各类角色，并编写相应程序。

①设计"敌机 04"。角色"敌机 04"如图 22.6 所示。

图 22.6　角色"敌机 04"

通过编写程序，让它生成不同类型的敌机且沿着不同的轨迹运动。"敌机 04"的具体程序脚本如图 22.7 所示。

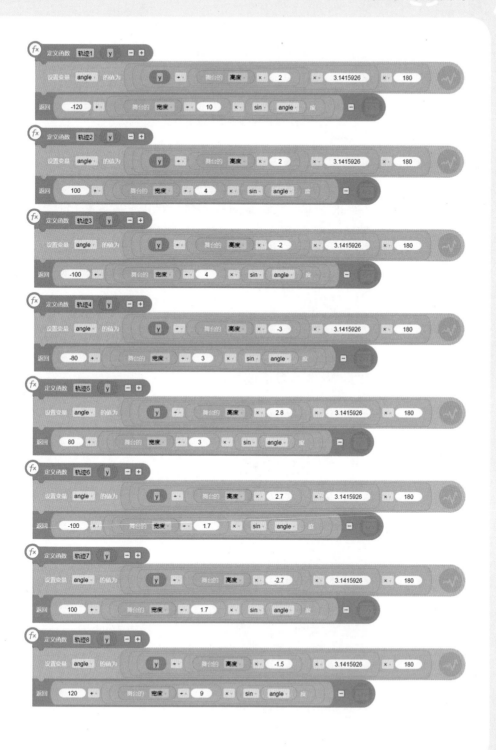

图 22.7 "敌机 04"的程序脚本

②设计"爆炸"。角色"爆炸"如图 22.8 所示,其程序脚本如图 22.9 所示。

爆炸

图 22.8　角色"爆炸"

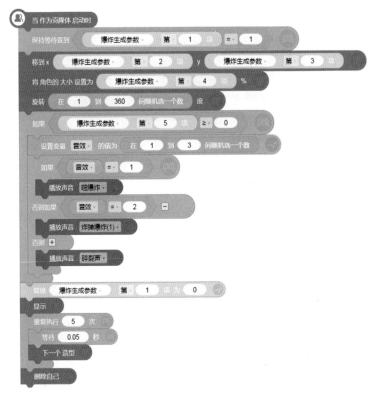

图 22.9　"爆炸"角色的程序脚本

③设计"敌方子弹"。角色"敌方子弹"如图 22.10 所示。

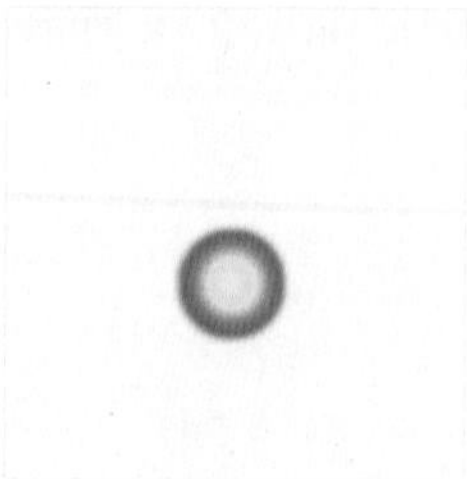

敌方子弹

图 22.10　角色"敌方子弹"

选中角色"敌方子弹",编写程序,如图 22.11 所示。当侦测到碰到飞船,发送广播消息"飞机受损",退出循环。

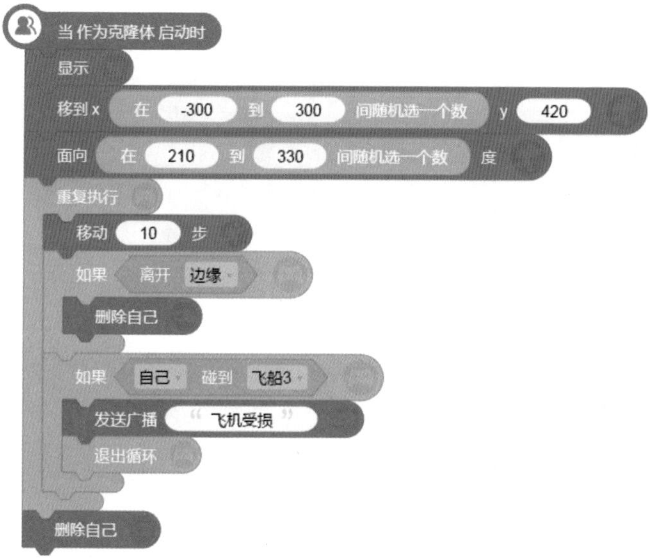

图 22.11　"敌方子弹"角色的程序脚本

④ 设计"敌方瞄准子弹"。角色"敌方瞄准子弹"如图 22.12 所示,其程序脚本如图 22.13 所示。

敌方瞄准子弹

图 22.12 角色"敌方瞄准子弹"

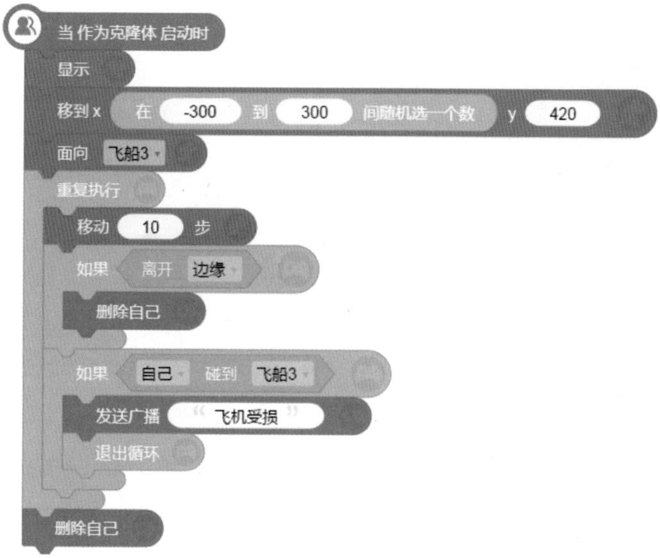

当 作为克隆体 启动时
显示
移到 x 在 -300 到 300 间随机选一个数 y 420
面向 飞船3
重复执行
　移动 10 步
　如果 离开 边缘
　　删除自己

　如果 自己 碰到 飞船3
　　发送广播 "飞机受损"
　　退出循环

删除自己

图 22.13 "敌方瞄准子弹"角色的程序脚本

⑤ 设计"子弹 1"。角色"子弹 1"如图 22.14 所示,其程序脚本如图 22.15 所示。

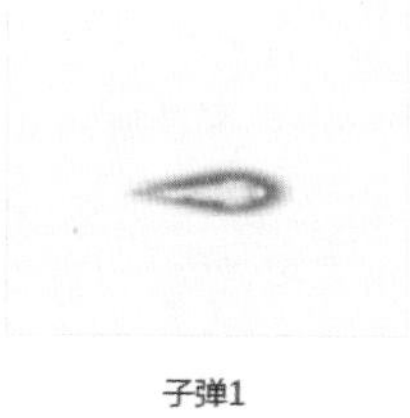

子弹1

图 22.14 角色"子弹 1"

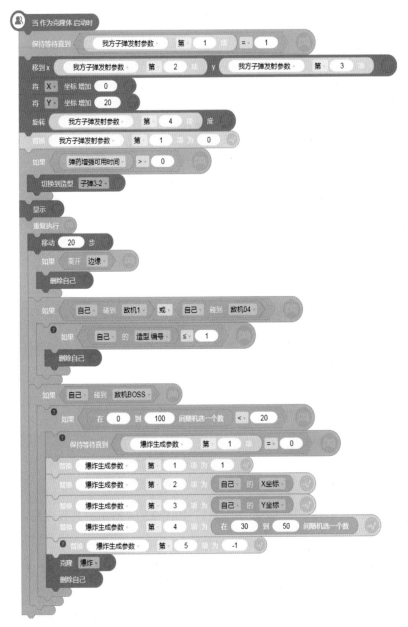

图 22.15 "子弹 1"角色的程序脚本

⑥ 设计"武器 3"。角色"武器 3"如图 22.16 所示，其程序脚本如图 22.17 所示。

武器3

图 22.16 角色 "武器 3"

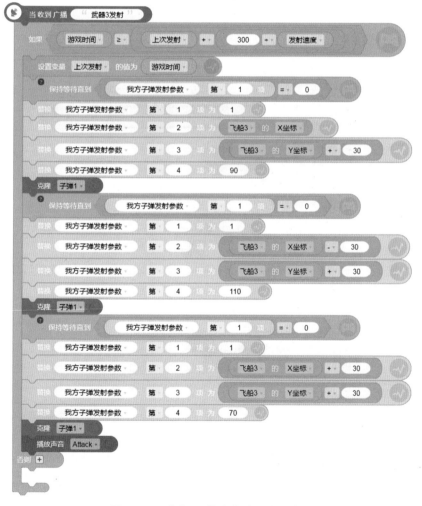

图 22.17 "武器 3" 角色的程序脚本

⑦ 设计"宝箱武器 2"。角色"宝箱武器 2"如图 22.18 所示，其程序脚本如图 22.19 所示。

宝箱武器2

图 22.18　角色"宝箱武器 2"

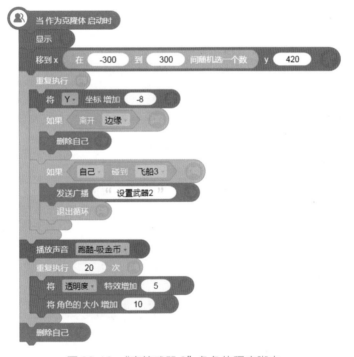

图 22.19　"宝箱武器 2"角色的程序脚本

⑧ 设计"宝箱武器 3"。角色"宝箱武器 3"如图 22.20 所示，其程序脚本如图 22.21 所示。

宝箱武器3

图 22.20 角色"宝箱武器 3"

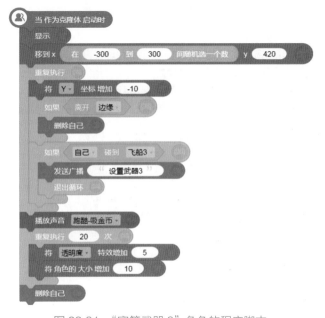

图 22.21 "宝箱武器 3"角色的程序脚本

⑨ 设计"敌机 1"。角色"敌机 1"如图 22.22 所示，其程序脚本如图 22.23 所示。

图 22.22 角色"敌机 1"

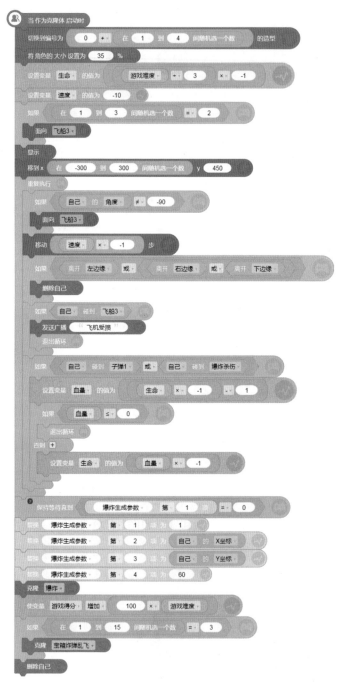

图 22.23 "敌机 1"角色的程序脚本

⑩ 设计"武器 1"。角色"武器 1"如图 22.24 所示，其程序脚本如图 22.25 所示。

武器1

图 22.24　角色"武器 1"

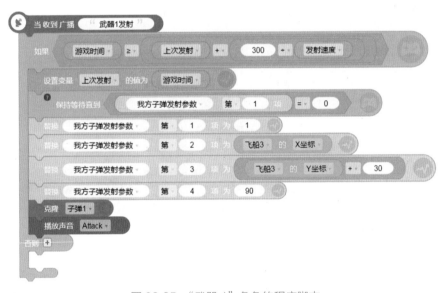

图 22.25　"武器 1"角色的程序脚本

⑪ 设计"武器 2"。角色"武器 2"如图 22.26 所示，其程序脚本如图 22.27 所示。

武器2

图 22.26 角色 "武器 2"

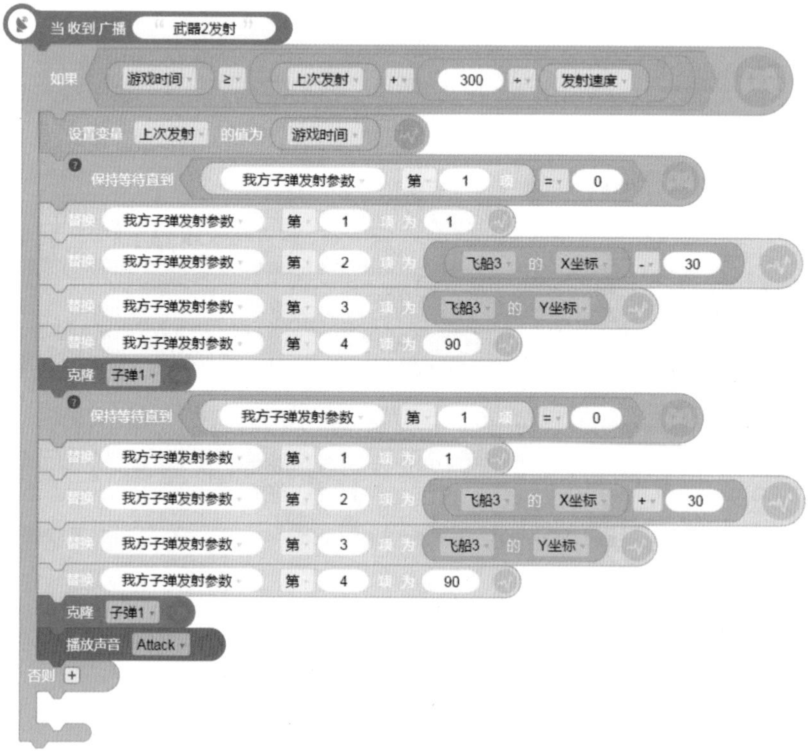

当 收到 广播 "武器2发射"

如果 游戏时间 ≥ 上次发射 + 300 + 发射速度

设置变量 上次发射 的值为 游戏时间

保持等待直到 我方子弹发射参数 第 1 等 = 0

替换 我方子弹发射参数 第 1 换为 1

替换 我方子弹发射参数 第 2 换为 飞船3 的 X坐标 - 30

替换 我方子弹发射参数 第 3 换为 飞船3 的 Y坐标

替换 我方子弹发射参数 第 4 换为 90

克隆 子弹1

保持等待直到 我方子弹发射参数 第 1 换 = 0

替换 我方子弹发射参数 第 1 换为 1

替换 我方子弹发射参数 第 2 换为 飞船3 的 X坐标 + 30

替换 我方子弹发射参数 第 3 换 飞船3 的 Y坐标

替换 我方子弹发射参数 第 4 换为 90

克隆 子弹1

播放声音 Attack

否则

图 22.27 "武器 2" 角色的程序脚本

⑫设计 "血条"。角色 "血条" 如图 22.28 所示，其程序脚本如图 22.29 所示。

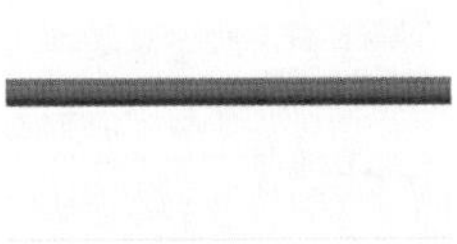

血条

图 22.28 角色 "BOSS 血条"

图 22.29 "BOSS 血条"角色的程序脚本

⑬ 设计"武器管理"。角色"武器管理"如图 22.30 所示,其程序脚本如图 22.31 所示。

武器管理

图 22.30 角色 "武器管理"

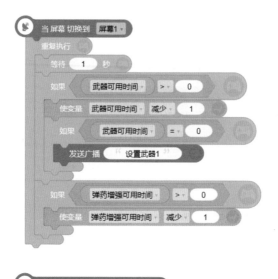

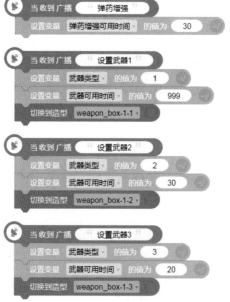

图 22.31　"武器管理"角色的程序脚本

　　⑭ 设计"宝箱加血"。角色"宝箱加血"如图 22.32 所示,其程序脚本如图 22.33 所示。

宝箱加血

图 22.32 角色"宝箱加血"

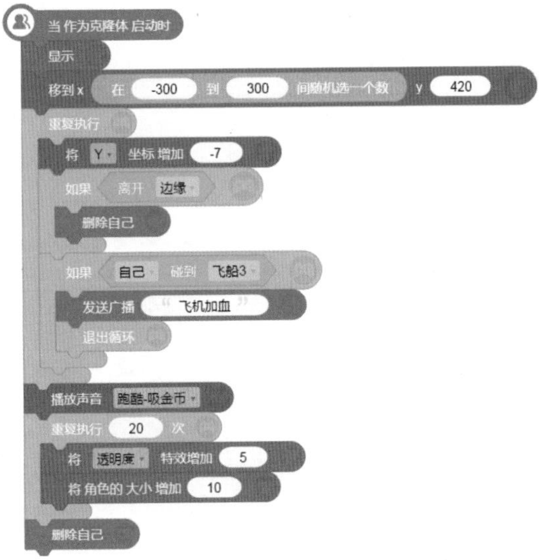

图 22.33 "宝箱加血"角色的程序脚本

⑮ 设计"敌机管理器"。角色"敌机管理器"如图 22.34 所示,其程序脚本如图 22.35 所示。

图 22.34 角色"敌机管理器"

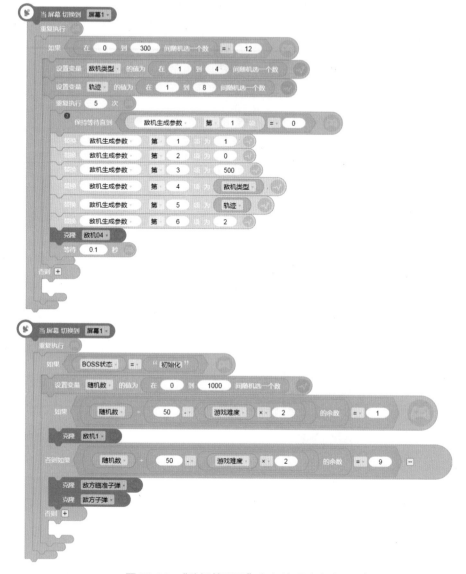

图 22.35 "敌机管理器"角色的程序脚本

⑯ 设计"宝箱弹药增强"。角色"宝箱弹药增强"如图 22.36 所示，其程序脚本如图 22.37 所示。

宝箱弹药增强

图 22.36 角色"宝箱弹药增强"

图 22.37 "宝箱弹药增强"角色的程序脚本

⑰ 设计"宝箱生成器"。角色"宝箱生成器"如图 22.38 所示，其程序脚本如图 22.39 所示。

宝箱生成器

图 22.38　角色"宝箱生成器"

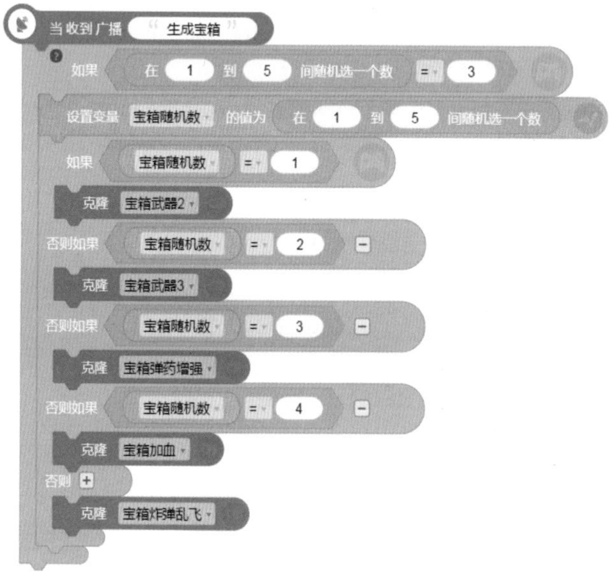

图 22.39　"宝箱生成器"角色的程序脚本

⑱ 设计"敌机 BOSS"。角色"敌机 BOSS"如图 22.40 所示，其程序脚本如图 22.41 所示。

图 22.40　角色"敌机 BOSS"

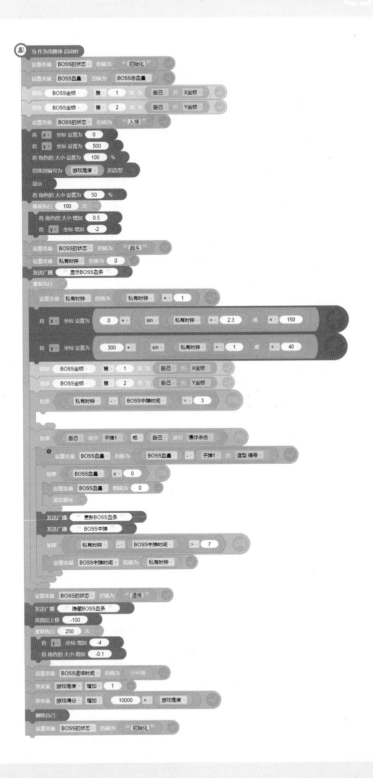

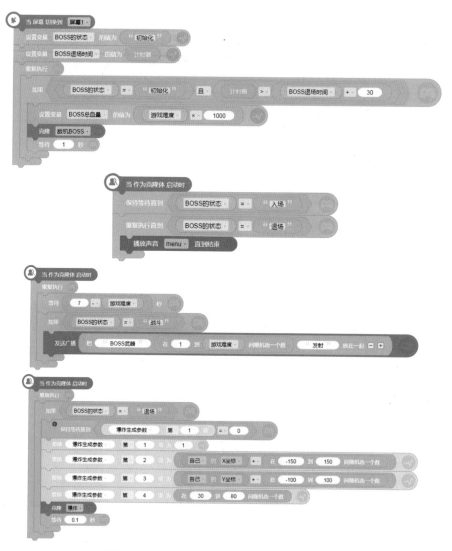

图 22.41 "敌机 BOSS"角色的程序脚本

⑲ 设计"BOSS 武器 1"。角色"BOSS 武器 1"如图 22.42 所示,其程序脚本如图 22.43 所示。

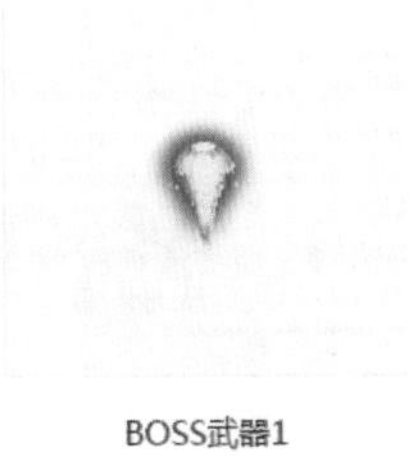

BOSS武器1

图 22.42 角色 "BOSS 武器 1"

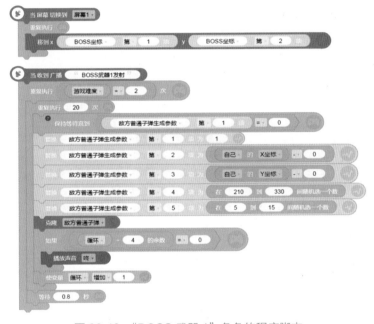

图 22.43 "BOSS 武器 1" 角色的程序脚本

⑳ 设 计 "敌方普通子弹"。角色 "敌方普通子弹" 如图 22.44 所示，其程序脚本如图 22.45 所示。

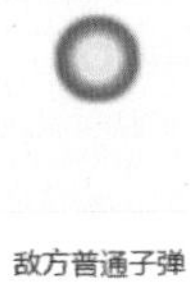

敌方普通子弹

图 22.44 角色 "敌方普通子弹"

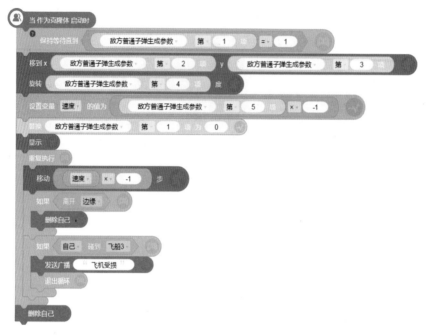

图 22.45 "敌方普通子弹"角色的程序脚本

㉑ 设计"BOSS 武器 2"。角色"BOSS 武器 2"如图 22.46 所示，其程序脚本如图 22.47 所示。

BOSS武器2

图 22.46 角色"BOSS 武器 2"

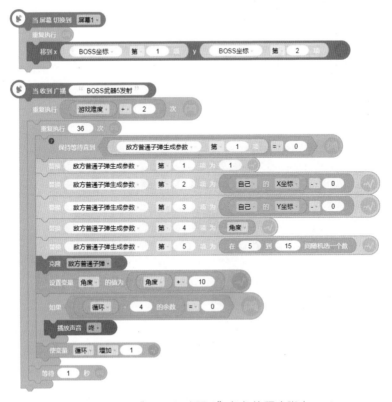

图 22.47 "BOSS 武器 2"角色的程序脚本

㉒ 设计"敌方导弹"。角色"敌方导弹"如图 22.48 所示，其程序脚本如图 22.49 所示。

图 22.48 角色"敌方导弹"

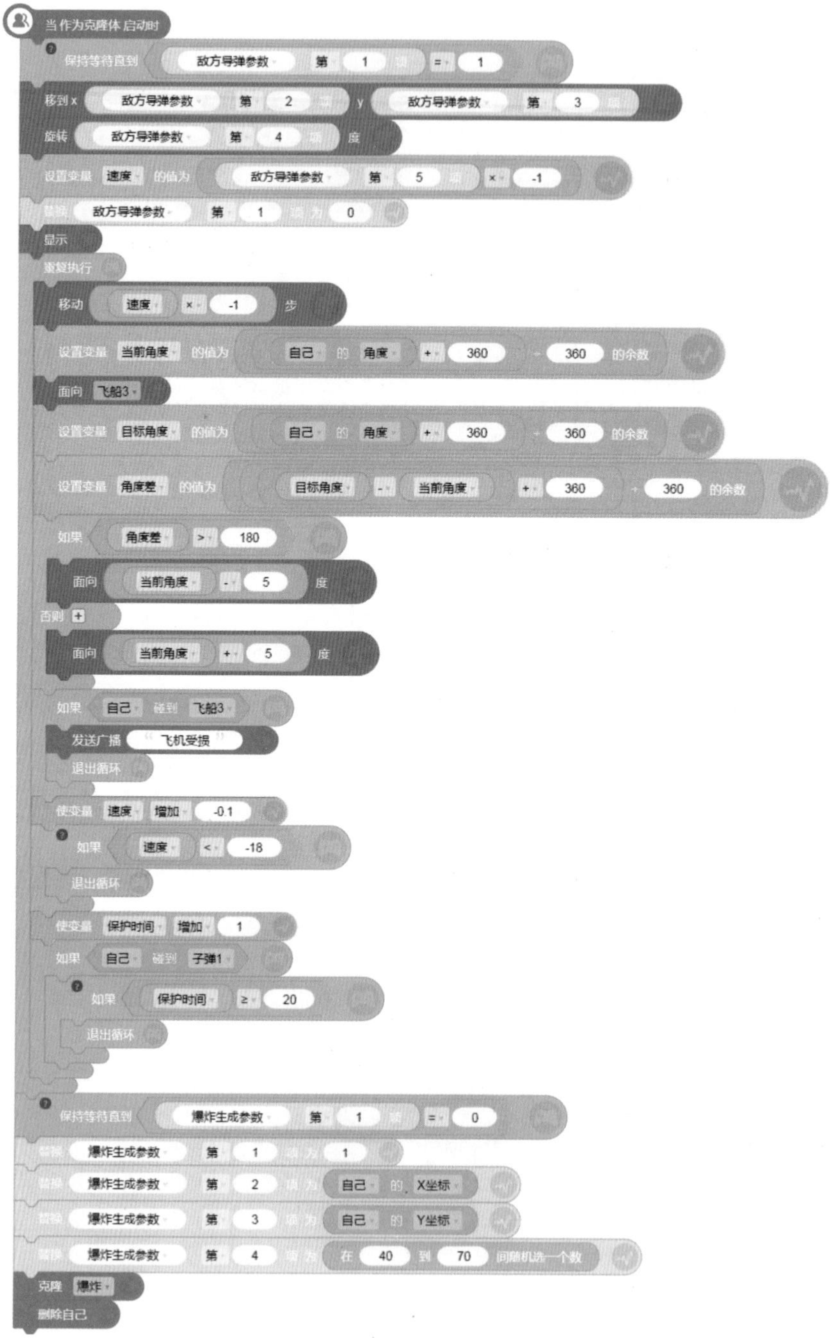

当作为克隆体 启动时

保持等待直到　敌方导弹参数　第 1 项 = 1

移到 x　敌方导弹参数　第 2 项　y　敌方导弹参数　第 3 项

旋转　敌方导弹参数　第 4 项　度

设置变量　速度　的值为　敌方导弹参数　第 5 项　× -1

设置　敌方导弹参数　第 1 项　为　0

显示

重复执行

　移动　速度　× -1　步

　设置变量　当前角度　的值为　自己　的　角度　+ 360　÷ 360 的余数

　面向　飞船3

　设置变量　目标角度　的值为　自己　的　角度　+ 360　÷ 360 的余数

　设置变量　角度差　的值为　目标角度　- 当前角度　+ 360　÷ 360 的余数

　如果　角度差　> 180

　　面向　当前角度　- 5　度

　否则

　　面向　当前角度　+ 5　度

　如果　自己　碰到　飞船3

　　发送广播　" 飞机受损 "

　　退出循环

　使变量　速度　增加　-0.1

　如果　速度　< -18

　　退出循环

　使变量　保护时间　增加　1

　如果　自己　碰到　子弹1

　　如果　保护时间　≥ 20

　　　退出循环

保持等待直到　爆炸生成参数　第 1 项 = 0

设置　爆炸生成参数　第 1 项　为　1

设置　爆炸生成参数　第 2 项　为　自己　的　X坐标

设置　爆炸生成参数　第 3 项　为　自己　的　Y坐标

设置　爆炸生成参数　第 4 项　为　在 40 到 70 间随机一个数

克隆　爆炸

删除自己

图 22.49 "敌方导弹"角色的程序脚本

㉓ 设计"敌方激光"。角色"敌方激光"如图 22.50 所示，其程序脚本如图 22.51 所示。

敌方激光

图 22.50 角色"敌方激光"

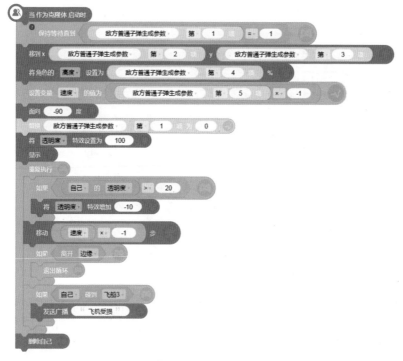

图 22.51 "敌方激光"角色的程序脚本

㉔ 设计"BOSS 武器 3"。角色"BOSS 武器 3"如图 22.52 所示，其程序脚本如图 22.53 所示。

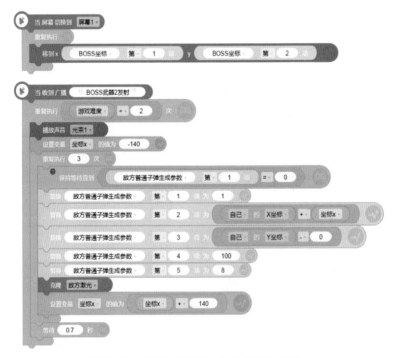

BOSS武器3

图 22.52　角色"BOSS 武器 3"

图 22.53　"BOSS 武器 3"角色的程序脚本

㉕设计"BOSS 武器 4"。角色"BOSS 武器 4"如图 22.54 所示，其程序脚本如图 22.55 所示。

图 22.54 角色"BOSS 武器 4"

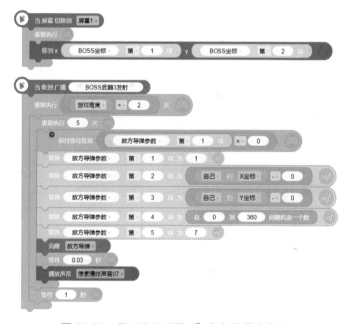

图 22.55 "BOSS 武器 4"角色的程序脚本

㉖ 设计"敌方子母雷"。角色"敌方子母雷"如图 22.56 所示，其程序脚本如图 22.57 所示。

图 22.56 角色"敌方子母雷"

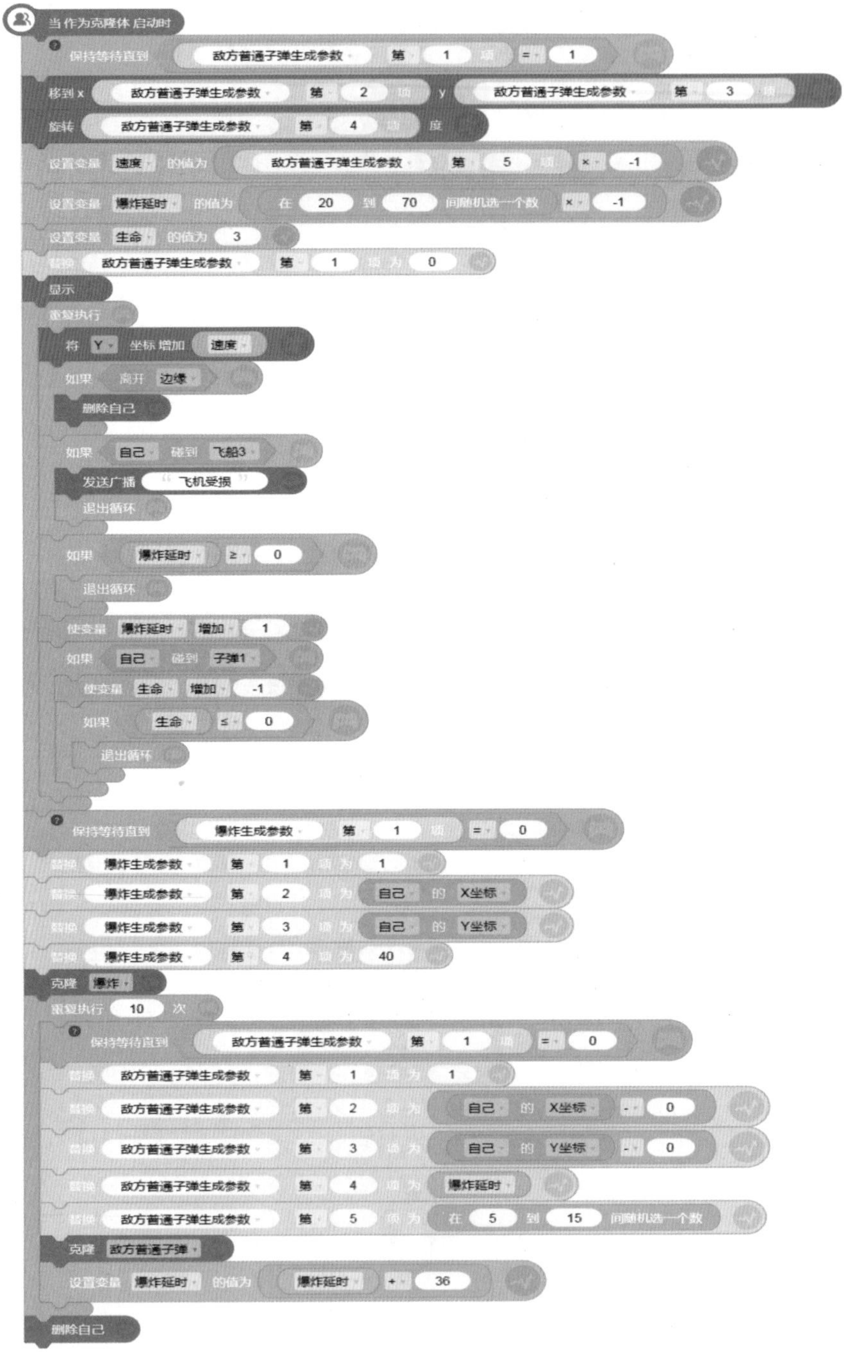

当作为克隆体 启动时

保持等待直到 敌方普通子弹生成参数 第 1 项 = 1

移到 x 敌方普通子弹生成参数 第 2 项 y 敌方普通子弹生成参数 第 3 项

旋转 敌方普通子弹生成参数 第 4 项 度

设置变量 速度 的值为 敌方普通子弹生成参数 第 5 项 × -1

设置变量 爆炸延时 的值为 在 20 到 70 间随机选一个数 × -1

设置变量 生命 的值为 3

替换 敌方普通子弹生成参数 第 1 项 为 0

显示

重复执行

将 Y 坐标 增加 速度

如果 离开 边缘

删除自己

如果 自己 碰到 飞船3

发送广播 飞机受损

退出循环

如果 爆炸延时 ≥ 0

退出循环

使变量 爆炸延时 增加 1

如果 自己 碰到 子弹1

使变量 生命 增加 -1

如果 生命 ≤ 0

退出循环

保持等待直到 爆炸生成参数 第 1 项 = 0

替换 爆炸生成参数 第 1 项 为 1

替换 爆炸生成参数 第 2 项 为 自己 的 X坐标

替换 爆炸生成参数 第 3 项 为 自己 的 Y坐标

替换 爆炸生成参数 第 4 项 为 40

克隆 爆炸

重复执行 10 次

保持等待直到 敌方普通子弹生成参数 第 1 项 = 0

替换 敌方普通子弹生成参数 第 1 项 为 1

替换 敌方普通子弹生成参数 第 2 项 为 自己 的 X坐标 - 0

替换 敌方普通子弹生成参数 第 3 项 为 自己 的 Y坐标 - 0

替换 敌方普通子弹生成参数 第 4 项 为 爆炸延时

替换 敌方普通子弹生成参数 第 5 项 为 在 5 到 15 间随机选一个数

克隆 敌方普通子弹

设置变量 爆炸延时 的值为 爆炸延时 + 36

删除自己

图 22.57 "敌方子母雷"角色的程序脚本

㉗ 设计"BOSS 武器 5"。角色"BOSS 武器 5"如图 22.58 所示，其程序脚本如图 22.59 所示。

图 22.58 角色"BOSS 武器 5"

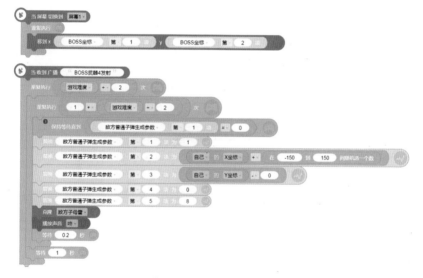

图 22.59 "BOSS 武器 5"角色的程序脚本

㉘ 设计"白云"。角色"白云"如图 22.60 所示，其程序脚本如图 22.61 所示。

图 22.60 角色"白云"

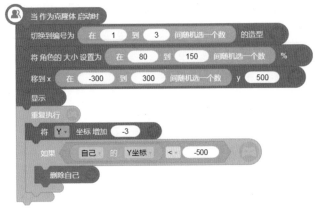

图 22.61 "白云"角色的程序脚本

㉙设计"飞机血条"。角色"飞机血条"如图 22.62 所示，其程序脚本如图 22.63 所示。

飞机血条

图 22.62 角色"飞机血条"

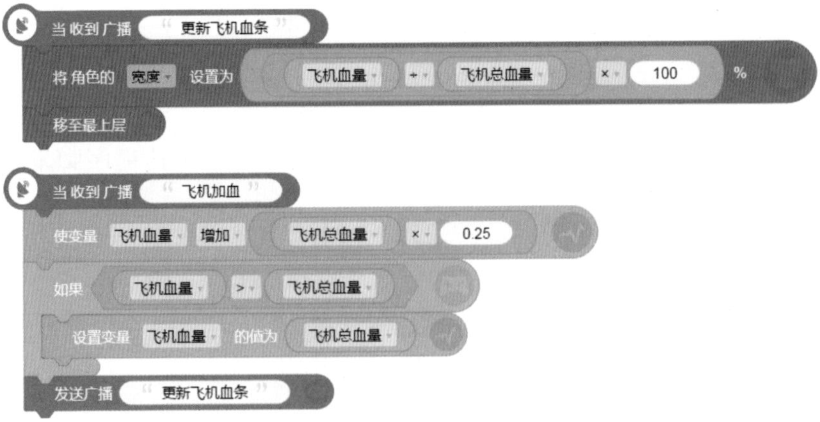

图 22.63 "飞机血条"角色的程序脚本

㉚ 设计"爆炸杀伤"。角色"爆炸杀伤"如图 22.64 所示，其程序脚本如图 22.65 所示。

爆炸杀伤

图 22.64 角色"爆炸杀伤"

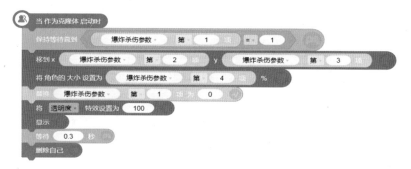

图 22.65 "爆炸杀伤"角色的程序脚本

㉛ 设计"宝箱炸弹乱飞"。角色"宝箱炸弹乱飞"如图 22.66 所示，其程序脚本如图 22.67 所示。

宝箱炸弹乱飞

图 22.66 角色"宝箱炸弹乱飞"

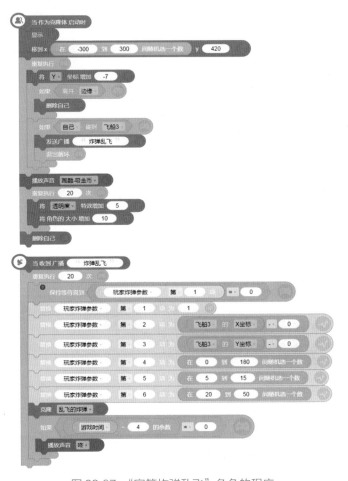

图 22.67 "宝箱炸弹乱飞"角色的程序

㉜设计"乱飞的炸弹"。角色"乱飞的炸弹"如图 22.68 所示，其程序脚本如图 22.69 所示。

乱飞的炸弹

图 22.68 角色"乱飞的炸弹"

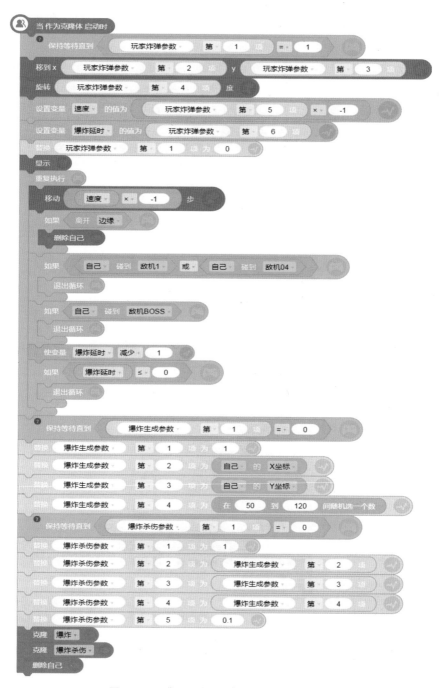

图22.69 "乱飞的炸弹"角色的程序脚本

㉝设计"炮弹"。角色"炮弹"如图 22.70 所示，其程序脚本如图 22.71 所示。

炮弹

图 22.70　角色"炮弹"

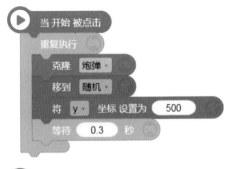

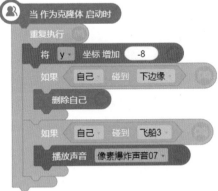

图 22.71　"炮弹"角色的程序脚本

㉞设计"火球"。角色"火球"如图 22.72 所示，其程序脚本如图 22.73 所示。

火球

图 22.72　角色"火球"

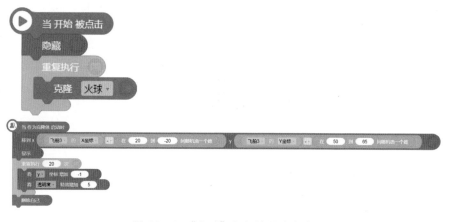

图 22.73　"火球"角色的程序脚本

㉟ 设计"标题"。角色"标题"如图 22.74 所示，其程序脚本如图 22.75 所示。

标题

图 22.74　角色"标题"

图 22.75　"标题"角色的程序脚本

㊱ 设计"桃心"。角色"桃心"如图 22.76 所示。

因为它仅作为图形显示，所以调整至合适的位置即可，不需要编写程序。

图 22.76　角色"桃心"

㉛ 设计"飞船"。角色"飞船"如图 22.77 所示，其程序脚本如图 22.78 所示。

飞船3

图 22.77　角色"飞船"

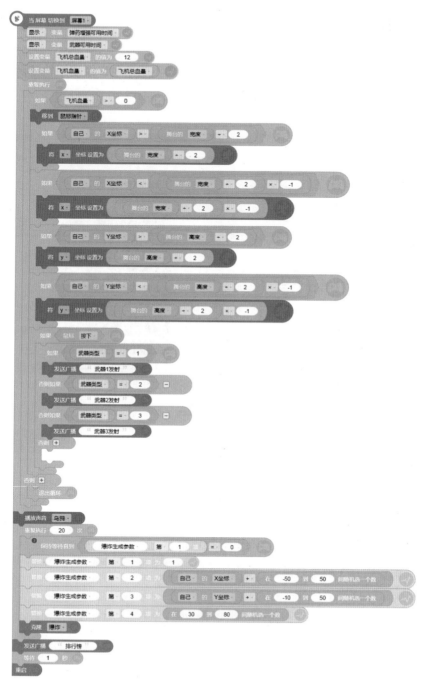

图 22.78 "飞船"角色的程序脚本

想一想

敌机追击飞船的轨迹效果，除了定义面向飞船角色以及使用轨迹函数，还可通过积木实验室中的 GameAI 来实现，如图 22.79 所示。想一想，具体应该如何实现？

图 22.79　GameAI

 知识窗

编程猫舞台模式

编程猫有 3 种舞台模式，如图 22.80 所示。

图 22.80　编程猫的舞台模式

竖版舞台尺寸：高 900 × 宽 620；

横版 4：3 舞台尺寸：高 720 × 宽 960；

横版 16：9 舞台尺寸：高 720 × 宽 1280。

 瞭望区

GameAI

人工智能的发展是全方位的，除了应用于分类 AI 外，还能应用于游戏领域，利用人工智能的相关算法来进行自动化 AI。第一个战胜围棋世界冠军的人工智能程序 AlphaGo，它的主要工作原理就是利用神经网络的深度学习算法进行学习。GameAI 的工作原理与分类 AI 相同，都是在神经网络的基础上进行的。

 挑战台

编程创作：使用多屏幕实现图 22.81 所示的效果。

图 22.81 游戏界面及二维码